ABITUR-TRAINING
MATHEMATIK

Stochastik

Franz Wieand · Ingeborg Goller

Mit Lernvideos ▶

STARK

Inhalt

Autoren:
Franz Wieand, Ingeborg Goller

Im Hinblick auf eine eventuelle Begrenzung des Datenvolumens wird empfohlen, dass Sie sich beim Ansehen der Videos im WLAN befinden. Haben Sie keine Möglichkeit, den QR-Code zu scannen, finden Sie die Lernvideos auch unter:
http://qrcode.stark-verlag.de/940091V

Vorwort

Liebe Schülerin, lieber Schüler,

mit dem vorliegenden Trainingsband für die **Stochastik** halten Sie ein Buch in Händen, das Sie bei der Vorbereitung auf Klausuren und auf die schriftliche Abiturprüfung im Fach Mathematik umfassend unterstützt.

Aufgrund des modularen Aufbaus müssen Sie das Buch nicht von vorne nach hinten lesen. Beginnen Sie Ihr Training in dem Stoffgebiet, in dem Sie noch Probleme haben. Folgende strukturelle Maßnahmen erleichtern dabei Ihre Arbeit:

- Die wichtigen **Definitionen** eines Lernabschnitts werden schülergerecht und doch mathematisch präzise formuliert in blauen Feldern hervorgehoben. Die unterrichtsrelevanten **Regeln** werden in blau umrandeten Kästen verständlich zusammengefasst.

- An jeden Theorieteil schließen passgenaue **Beispiele** an, die die einzelnen Rechen- und Denkschritte genau und gut nachvollziehbar erläutern.

- Zu den wichtigsten Themenbereichen gibt es **Lernvideos**, in denen die typischen Beispiele Schritt für Schritt erklärt werden. An den entsprechenden Stellen im Buch befindet sich ein QR-Code, den Sie mithilfe Ihres Smartphones oder Tablets scannen können – Sie gelangen so schnell und einfach zum zugehörigen Lernvideo.

- Jeder Lernabschnitt schließt mit zahlreichen **Übungsaufgaben**, mit deren Hilfe Sie die verschiedenen Themen einüben können. Hier können Sie überprüfen, ob Sie den gelernten Stoff auch anwenden können.

- Zu allen Aufgaben gibt es am Ende des Buches **vollständig vorgerechnete Lösungen** mit ausführlichen Hinweisen, die Ihnen den Lösungsansatz und die jeweiligen Schwierigkeiten genau erläutern.

Wir wünschen Ihnen viel Erfolg für die gesamte Abiturprüfung und alles erdenklich Gute für Ihren weiteren Lebensweg.

Franz Wieand   Ingeborg Goller

Zufallsexperimente

1 Einstufige und mehrstufige Zufallsexperimente

Tine und Lukas streiten sich öfter darüber, wer beim Spielen anfangen darf. Tine ist dafür, dass grundsätzlich der jüngere Spieler beginnt. Lukas findet das unfair, da er dann nie anfangen dürfe, und schlägt vor, lieber eine Münze zu werfen. Fällt Kopf, beginnt Tine, fällt Zahl, beginnt er.

Entscheidet das Alter darüber, wer bei einem Spiel beginnen darf, ist das Ergebnis nicht zufällig. Entscheidet jedoch eine Münze, kann man nicht vorhersagen, wer beginnen darf. Im letzteren Fall liegt ein sogenanntes Zufallsexperiment vor.

Definition

- Ein Experiment mit mehreren möglichen Ausgängen heißt **Zufallsexperiment**, wenn der Ausgang des Versuchs nicht vorausgesagt werden kann. Führt man das Experiment einmal (zweimal, dreimal, …) durch, so spricht man von einem einstufigen (zweistufigen, dreistufigen, …) Zufallsexperiment.

- Jeder Ausgang eines Zufallsexperiments heißt **Ergebnis ω** („klein Omega").

- Die Menge aller möglichen Ausgänge (Ergebnisse) eines Zufallsexperiments fasst man zur **Ergebnismenge Ω** („groß Omega") zusammen:
  $\Omega = \{\omega_1; \omega_2; \omega_3; …; \omega_n\}, n \in \mathbb{N}$
  Statt Ergebnismenge kann man auch Ergebnisraum sagen.

- Die Anzahl der Elemente in Ω heißt **Mächtigkeit der Ergebnismenge**, kurz $|\Omega| = n$ („Mächtigkeit von Omega").

Beispiele

1. **Zufallsexperiment**		**Ergebnismenge**	$|\Omega|$
Werfen einer Münze		{Bild; Zahl}	2
Werfen eines Würfels		{1; 2; 3; 4; 5; 6}	6
Welcher Wochentag wird der kälteste Tag des Jahres?		{Mo; Di; Mi; Do; Fr; Sa; So}	7
Werfen einer Kugel in Roulettescheibe		{0; 1; 2; 3; …; 36}	37

2. Beim Roulette kann man auch nur auf die Farben setzen, also:
$\Omega = \{\text{rot; schwarz; grün}\}$ mit $|\Omega| = 3$

3. Beim Spiel „Mensch ärgere Dich nicht"interessiert man sich beim Würfeln am Anfang nur dafür, ob man beim nächsten Wurf die Augenzahl 6 oder **nicht 6** (man schreibt $\overline{6}$) erzielt. Dann wäre eine mögliche Ergebnismenge $\Omega = \{6; \overline{6}\}$ mit $|\Omega| = 2$.

Zu ein und demselben Zufallsexperiment können mehrere Ergebnismengen angegeben werden, je nachdem, für welches Merkmal man sich interessiert. Die Ergebnismenge wird dann **vergröbert** oder **verfeinert**.
Welche Ergebnismenge man wählt, hängt von der Fragestellung ab. Sie sollte nicht unnötig viele Elemente enthalten. Aber man muss jedem Versuchsausgang genau ein Element von Ω zuordnen können.

Beispiel

Ein Würfel wird einmal geworfen.
Geben Sie verschiedene mögliche Ergebnismengen an.

Lösung:

$\Omega_1 = \{1; 2; 3; 4; 5; 6\}$

$\Omega_2 = \{6; \overline{6}\}$

$\Omega_3 = \{\text{gerade Augenzahl; ungerade Augenzahl}\}$

$\Omega_4 = \{\text{Augenzahl ist Primzahl; Augenzahl ist keine Primzahl}\}$

Es gilt:

- Ω_3 ist eine Vergröberung von Ω_1.
- Umgekehrt ist Ω_1 eine Verfeinerung von Ω_3.
- $\Omega_5 = \{\text{Augenzahl ist kleiner als 4; Augenzahl ist Primzahl}\}$ ist kein zulässiger Ergebnisraum, da die Augenzahl 2 sowohl kleiner als 4 als auch eine Primzahl ist. Außerdem ist dem Ergebnis 6 kein Element von Ω_5 zugeordnet.

Mehrstufige Zufallsexperimente

Kai würfelt mehrmals hintereinander, Anna wirft erst eine Münze und dreht dann an einem Glücksrad, Kathrin wählt erst zufällig ein Schulbuch, daraus wahllos ein Kapitel und schließlich willkürlich eine Seite.

Definition

Setzt sich ein Zufallsexperiment aus mehreren Zufallsexperimenten zusammen, die nacheinander durchgeführt werden, so spricht man von einem **mehrstufigen Zufallsexperiment**.

Beispiel

Fritz wirft einen Chip, der auf der einen Seite
rot, auf der anderen blau gefärbt ist.
Anschließend wirft er noch ein Tetraeder mit
der Seitenbeschriftung 1, 2, 3, 4, wobei er die
Zahl auf der Unterseite als Ergebnis notiert.
Geben Sie die Ergebnismenge an.

Lösung:
Um alle Ergebnisse des zweistufigen Zufallsexperiments anschaulich und
vollständig zu ermitteln, erstellt man ein sogenanntes **Baumdiagramm**.

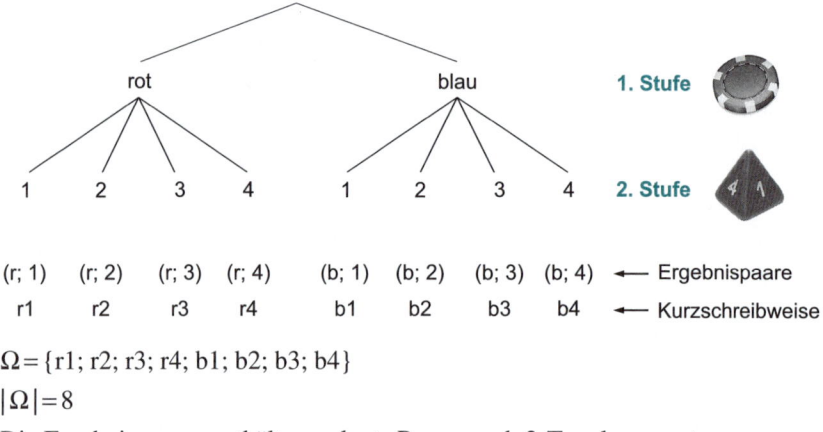

$\Omega = \{r1; r2; r3; r4; b1; b2; b3; b4\}$

$|\Omega| = 8$

Die Ergebnismenge enthält geordnete Paare, auch 2-Tupel genannt.

Allgemein gilt: Die Ergebnismenge eines mehrstufigen Zufallsexperiments kann
besonders anschaulich mithilfe eines Baumdiagramms bestimmt werden. Ein
Ergebnis des n-stufigen Experiments erhält man, wenn man entlang eines Pfades
vom Start bis zu einem Endpunkt des Baumes geht.
Die Ergebnisse sind **n-Tupel** $(a_1; a_2; a_3; \ldots; a_n)$, kurz $a_1 a_2 a_3 \ldots a_n$. Dabei ist a_i
das Ergebnis des i-ten Teilexperiments (bzw. der i-ten Stufe). Ω ist die Menge
aller möglichen n-Tupel. Die Reihenfolge innerhalb eines n-Tupels ist wesentlich
und immer zu beachten.

Beispiele

1. Zwei Würfel werden gleichzeitig geworfen.
   Bestimmen Sie die Ergebnismenge, wenn
   die Würfel

   a) unterscheidbar sind.

   b) nicht unterscheidbar sind.

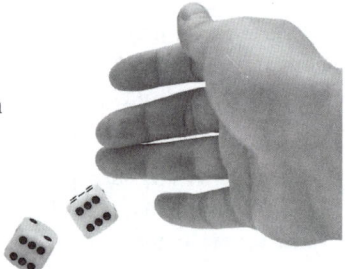

Lösung:

a) Da die Würfel unterscheidbar sind (z. B. haben sie unterschiedliche Farben), muss in der Ergebnismenge sowohl das Ergebnis 12 als auch das Ergebnis 21 enthalten sein. Entweder zeigt der 1. Würfel die 1 und der 2. Würfel die 2 oder es zeigt der 1. Würfel die 2 und der 2. Würfel die 1. Dies gilt auch für die Ergebnisse 13 und 31 usw.

Insgesamt gibt es also die folgenden möglichen Ergebnisse:

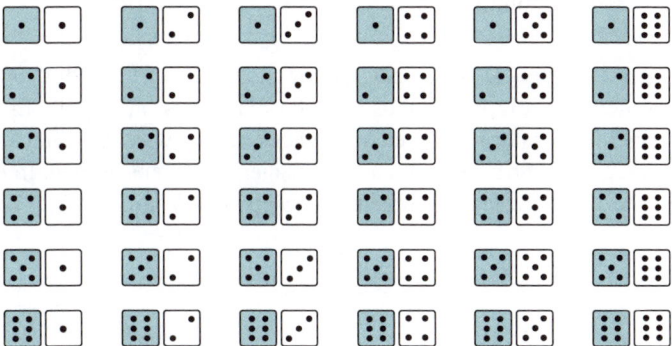

Als Mengenschreibweise:

$\Omega = \{11;\ 12;\ 13;\ 14;\ 15;\ 16;$
$\qquad 21;\ 22;\ 23;\ 24;\ 25;\ 26;$
$\qquad 31;\ 32;\ 33;\ 34;\ 35;\ 36;$
$\qquad 41;\ 42;\ 43;\ 44;\ 45;\ 46;$
$\qquad 51;\ 52;\ 53;\ 54;\ 55;\ 56;$
$\qquad 61;\ 62;\ 63;\ 64;\ 65;\ 66\}$

$|\Omega| = 36$

Die Ergebnisse sind **2-Tupel** und treten alle mit gleicher Wahrscheinlichkeit auf.

b) $\Omega = \{\{11\};\ \{12\};\ \{13\};\ \{14\};\ \{15\};\ \{16\};$
$\qquad \{22\};\ \{23\};\ \{24\};\ \{25\};\ \{26\};$
$\qquad \{33\};\ \{34\};\ \{35\};\ \{36\};$
$\qquad \{44\};\ \{45\};\ \{46\};$
$\qquad \{55\};\ \{56\};$
$\qquad \{66\}\}$

$|\Omega| = 21$

Die Ergebnisse sind **Mengen**, also keine Tupel, da die Reihenfolge keine Rolle spielt. {23} ist gleichbedeutend mit {32} und entspricht dem Ereignis „eine 2 und eine 3". Die geschweiften Klammern um {23} usw. können auch weggelassen werden, wenn klargestellt ist, dass die Reihenfolge nicht beachtet wird. Hier treten die Ergebnisse nicht gleich wahrscheinlich auf.

2. Ella hat in ihrem Federmäppchen einen blauen Buntstift, zwei grüne und drei rote Buntstifte. Sie nimmt zufällig drei Stifte heraus. Bestimmen Sie, wie viele verschiedene Farbkombinationen sie Jonas geben kann. Zeichnen Sie dazu auch das passende Baumdiagramm.

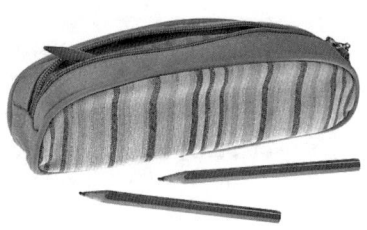

Lösung:

Das Zeichnen des Baumdiagramms ist ziemlich aufwendig, da es drei Stufen gibt. Zusätzlich muss man beachten, dass nach jeder Entnahme eines Stiftes der Inhalt des Mäppchens kleiner wird. So kann Ella keine drei grünen Stifte ziehen und den blauen höchstens einmal. In Klammern (blau | grün | rot) ist der Inhalt des Mäppchens vor jedem Zug notiert.

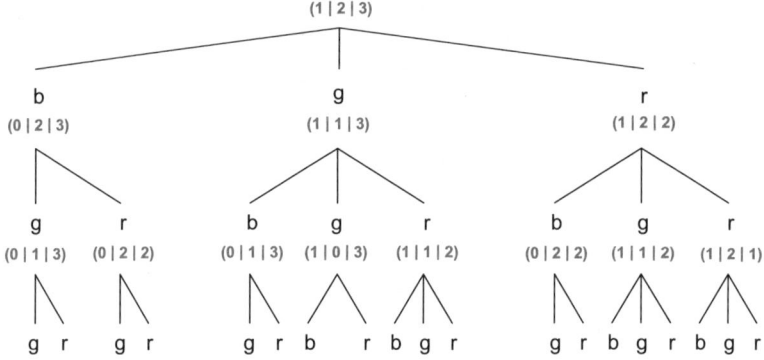

Ein möglicher Ergebnisraum mit 19 Elementen wäre:

$\Omega = \{$bgg; bgr; brg; brr; gbg; gbr; ggb; ggr; grb; grg; grr; rbg; rbr; rgb; rgg; rgr; rrb; rrg; rrr$\}$

Es gibt aber keine 19 Farbkombinationen, die Jonas bekommen könnte. Es kommt bei dieser Fragestellung nämlich nicht auf die Reihenfolge an. Die Ergebnis-Tupel bgr, brg, gbr, grb, rbg und rgb liefern alle die gleiche Farbkombination, nämlich ein blauer, ein grüner und ein roter Stift. In Kurzform: 1b1g1r

Ein zur Frage passender vergröberter Ergebnisraum ist deshalb:

$\Omega_1 = \{$1b1g1r; 0b2g1r; 1b2g0r; 0b1g2r; 1b0g2r; 0b0g3r$\}$

Es ergeben sich also nur sechs verschiedene Farbkombinationen.

Vereinfacht kann man für den Ergebnisraum auch

$\Omega_1 = \{$bgr; ggr; bgg; grr; brr; rrr$\}$

schreiben, da klar ist, dass es nicht auf die Reihenfolge ankommt. bgr steht also gleichzeitig für brg, gbr, grb, rbg und rgb.

In der Wahrscheinlichkeitsrechnung geht es häufig um das Ziehen von Gegenständen aus Beuteln, Tüten, Kartons etc. Man spricht vereinfacht von **Urnen**. Die jeweilige Vorgehensweise kann immer auf das Ziehen von Kugeln aus der Urne übertragen werden.

Bei diesen **Urnenexperimenten** unterscheidet man grundsätzlich zwischen den folgenden vier verschiedenen Möglichkeiten:

- Ziehen **mit** Zurücklegen und **mit** Beachtung der Reihenfolge
- Ziehen **mit** Zurücklegen und **ohne** Beachtung der Reihenfolge
- Ziehen **ohne** Zurücklegen und **mit** Beachtung der Reihenfolge
- Ziehen **ohne** Zurücklegen und **ohne** Beachtung der Reihenfolge

Beispiel

Eine Urne enthält eine rote, zwei weiße und vier grüne Kugeln. Es werden zwei Kugeln

a) mit Zurücklegen und mit Beachtung der Reihenfolge

b) mit Zurücklegen und ohne Beachtung der Reihenfolge

c) ohne Zurücklegen und mit Beachtung der Reihenfolge

d) ohne Zurücklegen und ohne Beachtung der Reihenfolge

gezogen.

Geben Sie jeweils einen geeigneten Ergebnisraum an.

Lösung:

a) Mithilfe eines Baumdiagramms:

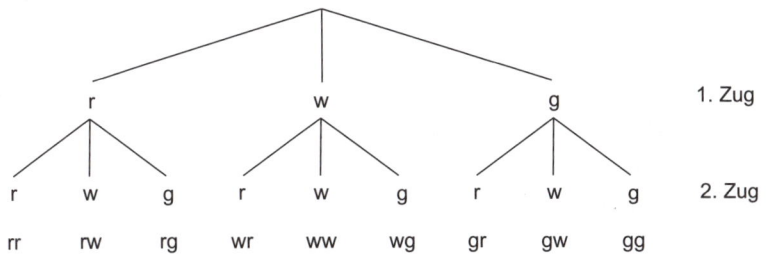

$\Omega = \{rr;\ rw;\ rg;\ wr;\ ww;\ wg;\ gr;\ gw;\ gg\}$

$|\Omega| = 9$

Es handelt sich hier um 2-Tupel.

Mithilfe einer Tabelle:

1. Zug \ 2. Zug	r (rot)	w (weiß)	g (grün)
r (rot)	rr	rw	rg
w (weiß)	wr	ww	wg
g (grün)	gr	gw	gg

b) Die Ergebnisse sind Mengen, da die Reihenfolge nicht beachtet wird. Bei z. B. {rg} und {gr} handelt es sich um dasselbe Ergebnis. Diese Menge wird wieder als 1r1g geschrieben.

$\Omega = \{2r;\ 1r1w;\ 1r1g;\ 2w;\ 1w1g;\ 2g\}$ oder $\Omega = \{rr;\ rw;\ rg;\ ww;\ wg;\ gg\}$

$|\Omega| = 6$

c) Hier ist Vorsicht geboten, da sich nach jedem Zug der Urneninhalt ändert. Dieser ist im Baumdiagramm in der Klammer (rot | weiß | grün) vor jedem Zug notiert. Da nur eine rote Kugel in der Urne ist, können nicht zwei rote Kugeln gezogen werden.

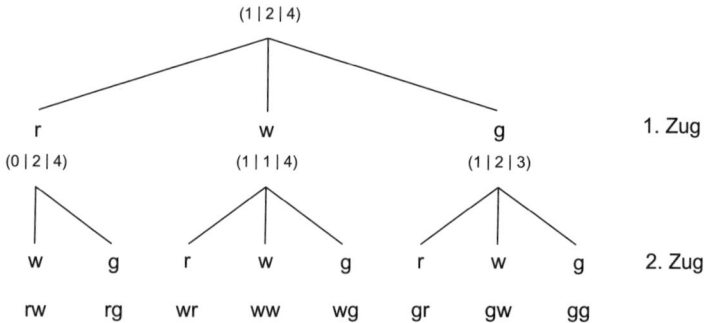

Da die Reihenfolge beachtet wird, handelt es sich bei den Ergebnissen wie bei Teilaufgabe a um 2-Tupel.

$\Omega = \{rw;\ rg;\ wr;\ ww;\ wg;\ gr;\ gw;\ gg\}$

$|\Omega| = 8$

d) Die Ergebnisse sind wie in Teilaufgabe b Mengen, da die Reihenfolge keine Rolle spielt. Gegenüber Teilaufgabe b fällt das Ergebnis 2r weg, da in der Urne nur eine rote Kugel liegt.

$\Omega = \{1r1w;\ 1r1g;\ 2w;\ 1w1g;\ 2g\}$ oder $\Omega = \{rw;\ rg;\ ww;\ wg;\ gg\}$

$|\Omega| = 5$

Aufgaben **1.** Entscheiden und begründen Sie, ob es sich um ein Zufallsexperiment handelt.

	Zufallsexperiment	kein Zufallsexperiment
Zahl der geschossenen Tore bei einem Fußballspiel	☐	☐
Aggregatzustand von Quecksilber bei −15°C	☐	☐
Bestimmung des Wochentages, an dem Buß- und Bettag ist	☐	☐
Zeitdauer, bis ein bestimmter Urankern zerfällt	☐	☐
Zahl der leiblichen Eltern eines Menschen	☐	☐
Zahl der leiblichen Kinder eines Menschen	☐	☐

2. Geben Sie jeweils einen geeigneten Ergebnisraum und seine Mächtigkeit an.

a) Ein Würfel wird zweimal geworfen und das Produkt der Augenzahlen bestimmt.

b) Aus einer Tüte mit fünf Glasperlen in fünf verschiedenen Farben werden zwei nebeneinandergelegt.

c) Aus den Ziffern 6, 7, 8, 9 werden zweistellige Zahlen gebildet, in denen keine Ziffer zweimal auftritt.

d) Aus den Ziffern 0, 1, 2, 3 werden zweistellige Zahlen gebildet, in denen die Ziffern auch zweimal auftreten können.

e) Aus einer Urne mit drei roten und zwei gelben Kugeln werden zufällig drei Kugeln
- gleichzeitig
- nacheinander mit Zurücklegen
- nacheinander ohne Zurücklegen
gezogen.

f) Ein Chip mit den Seiten „Sonne" und „Mond" wird dreimal nacheinander geworfen.

g) Andreas und Sigi tragen einen Tenniswettkampf aus. Sieger ist, wer
- als Erster zwei Sätze
- zwei Sätze hintereinander oder drei Sätze
gewonnen hat.

h) Eine Münze und ein Würfel werden gleichzeitig geworfen.

3. Caro wählt nacheinander drei Kristallkugeln, ohne dabei hinzusehen und ohne sie zurückzulegen. Danach bildet sie aus ihnen eine dreistellige Zahl.
Geben Sie an, wie viele solche dreistelligen Zahlen Caro bilden kann.

4. Mark hat zwei blaue und drei grüne Legosteine. Er möchte einen Turm aus vier Steinen bauen.
Ermitteln Sie mithilfe eines Baumdiagramms alle Möglichkeiten, wie der Turm aussehen könnte.

5. Eine Ameisenfamilie wandert auf direktem Weg vom linken Eckpunkt zum rechten Eckpunkt, wo die Kekskrümel liegen. Dabei läuft sie nur in den Fliesenfugen, also auf den farbig markierten Wegen. Bestimmen Sie mithilfe eines Baumdiagramms alle möglichen Wege.

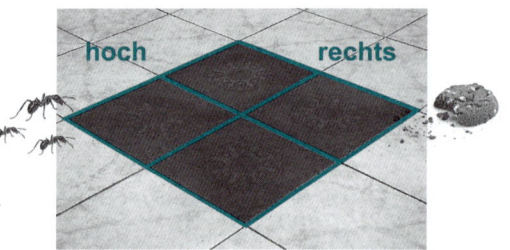

6. Betrachten Sie das Baumdiagramm und beschreiben Sie ein mehrstufiges Zufallsexperiment, welches dazu passt.

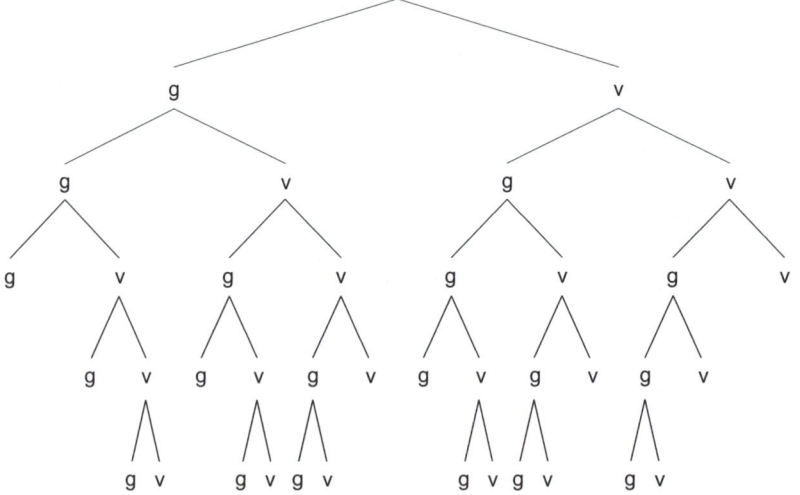

2 Ereignisse und ihre Verknüpfungen

Beim Roulette wird die Kugel in die sich drehende Scheibe geworfen. Am Ende bleibt sie in einem der 37 von 0 bis 36 beschrifteten Sektoren liegen. Dabei ist das Fach der 0 meist grün, die übrigen Fächer sind rot oder schwarz gefärbt.

$\Omega = \{0; 1; 2; 3; 4; 5; \ldots; 35; 36\}$

$|\Omega| = 37$

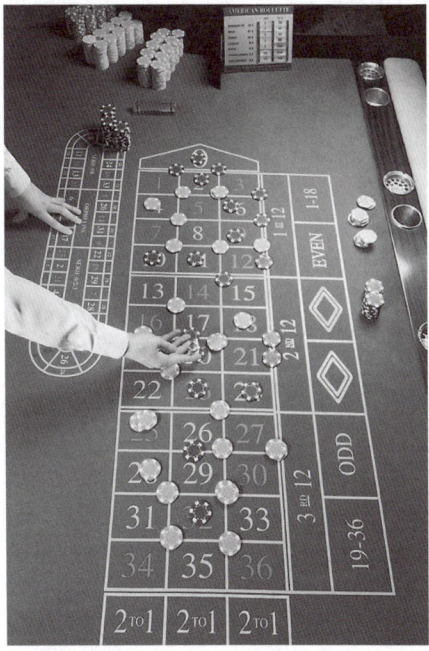

Seine Chips kann man auf verschiedene Bereiche des Spielplans legen:
- eine Zahl, z. B. {13}
- zwei benachbarte Zahlen, z. B. {27; 30}
- eine Querreihe von drei Zahlen, z. B. {31; 32; 33}
- vier Zahlen im Viereck, z. B. {32; 33; 35; 36}
- die ersten vier Zahlen {0; 1; 2; 3}
- zwei benachbarte Querreihen, z. B. {16; 17; 18; 19; 20; 21}
- eine Längsreihe von 12 Zahlen, z. B. {1; 4; 7; 10; 13; 16; 19; 22; 25; 28; 31; 34}
- das erste, zweite oder dritte Dutzend, z. B. {1; 2; …; 12}
- alle geraden Zahlen (even) oder alle ungeraden Zahlen (odd)
- alle roten Zahlen oder alle schwarzen Zahlen
- die erste oder die zweite Hälfte, z. B. {1; 2; …; 18}

Die Gewinne sind höher, wenn man mit einem Chip auf weniger Zahlen setzt.
Die Wahrscheinlichkeit, zu gewinnen, ist aber dann auch entsprechend geringer.

Alle oben aufgeführten Setzmöglichkeiten sind Teilmengen von Ω, mathematisch
nennt man diese Teilmengen **Ereignisse**.
Setzt jemand z. B. auf „zweites Dutzend" und fällt die Kugel auf eine der Zahlen
in der Menge {13; 14; …; 24}, so sagt man, das Ereignis „zweites Dutzend" ist
eingetreten.

Definition

- Jede Teilmenge A der Ergebnismenge Ω eines Zufallsexperiments nennt man
  Ereignis.
  Formal schreibt man für die Eigenschaft „Teilmenge" ein „$\subseteq$", hier also $A \subseteq \Omega$.

- Das Ereignis A tritt ein, wenn bei Durchführung des Experiments ein Ergebnis
  aus der Menge A auftritt.

- Alle möglichen Ereignisse, also alle Teilmengen von Ω, können wieder in einer
  Menge zusammengefasst werden. Diese Menge nennt man **Ereignisraum**.
  Seine Mächtigkeit ist allgemein $2^{|\Omega|}$.

Würfelt man einen normalen Spielwürfel, so weiß man ganz **sicher**,
dass eine der Zahlen 1, 2, 3, 4, 5, 6 fallen muss.
Ebenso weiß man, dass es **unmöglich** ist, dass keine Zahl fällt.
Glaubt man, dass die 1 fällt, so entscheidet man sich gleichzeitig
gegen die Zahlen 2, 3, 4, 5 und 6.

Allgemein gibt es folgende besondere Ereignisse:

- Den Ergebnisraum Ω nennt man das **sichere Ereignis**, Ω tritt immer ein, da er
  ja alle möglichen Ergebnisse des Zufallsexperiments enthält.

- Die leere Menge { } nennt man das **unmögliche Ereignis**, denn der Fall „das
  Experiment hat kein Ergebnis" ist ausgeschlossen.
  Die leere Menge wird manchmal auch als $\varnothing$ geschrieben.

- Jedes Ereignis A besitzt ein **Gegenereignis** $\overline{A}$ („A quer"; „nicht A").
  $\overline{A}$ enthält alle Ergebnisse aus Ω, die nicht in A enthalten sind:
  $\overline{A} = \Omega \setminus A$ ($\Omega \setminus A$ bedeutet: „Omega ohne A")
  Dabei gilt, dass die Vereinigung von A und $\overline{A}$ wieder Ω ergibt:
  $A \cup \overline{A} = \Omega$ ($A \cup \overline{A}$ bedeutet: „A vereinigt $\overline{A}$")

- **Elementarereignisse** enthalten genau ein Ergebnis. Zu unterscheiden ist das
  Ergebnis ω vom Ereignis {ω}.

- Zwei Ereignisse A und B heißen **unvereinbar** bzw. **disjunkt**, wenn sie keine
  gemeinsamen Elemente (Ergebnisse) enthalten, ihr Schnitt also leer ist:
  $A \cap B = \{ \}$ ($A \cap B$ bedeutet: „A geschnitten B")

1. Hannah pflanzt in ihrem Garten verschiedene Blumen. In ihrem Korb liegt jetzt nur noch je eine Blumenzwiebel der Sorten Tulpe, Narzisse und Hyazinthe. Hannah wählt zufällig eine der drei Zwiebeln aus und pflanzt sie ein.
Bestimmen Sie die Menge aller möglichen Ereignisse, also alle Teilmengen von Ω.

   Lösung:
   Für dieses Zufallsexperiment gilt:
   - $\Omega = \{$Tulpe; Narzisse; Hyazinthe$\}$ oder kurz: $\Omega = \{$T; N; H$\}$
   - $|\Omega| = 3$
   - Ω ist das sichere Ereignis.
   - $\{\ \}$ ist das unmögliche Ereignis.
   - $\{$T$\}$, $\{$N$\}$, $\{$H$\}$ sind die drei möglichen Elementarereignisse.
   - $\{$T; N$\}$, $\{$T; H$\}$, $\{$N; H$\}$ sind die drei Ereignisse mit zwei Elementen.

   Es gibt hier also insgesamt $2^3 = 8$ Teilmengen, die zum gesuchten Ereignisraum zusammengefasst werden können:
   $\{\Omega; \{\ \}; \{$T$\}; \{$N$\}; \{$H$\}; \{$T; N$\}; \{$T; H$\}; \{$N; H$\}\}$

   Bemerkungen:
   - Wurde die Tulpenzwiebel gezogen, so sind die Ereignisse Ω, $\{$T$\}$, $\{$T; N$\}$ und $\{$T; H$\}$ eingetreten.
   - Die Ereignisse $\{$T$\}$ und $\{$N; H$\}$ sind unvereinbar, da sie keine gemeinsamen Ergebnisse enthalten. Hannah kann nicht gleichzeitig eine Tulpenzwiebel und eine Zwiebel einer anderen Sorte ziehen, wenn sie insgesamt nur einmal eine Blumenzwiebel zieht.

2. n ist eine natürliche Zahl. Gegeben sind folgende Ereignisse:
   A: „n ist durch 2 teilbar."
   B: „n ist durch 9 teilbar."
   C: „n ist prim."

   Entscheiden Sie, ob die Ereignisse A und B bzw. A und C bzw. B und C unvereinbar sind.

   Lösung:
   $A = \{2; 4; 6; 8; \ldots\}$
   $B = \{9; 18; 27; 36; \ldots\}$
   $C = \{2; 3; 5; 7; 11; 13; 17; \ldots\}$

   $A \cap B = \{18; 36; 54; \ldots\} \Rightarrow$ A und B sind vereinbar

   $A \cap C = \{2\}$ $\qquad\quad \Rightarrow$ A und C sind vereinbar

   $B \cap C = \{\ \}$ $\qquad\quad \Rightarrow$ B und C sind unvereinbar

3. Bei einer Kochprüfung werden Vorspeise, Suppe, Hauptgericht und Nachspeise beurteilt. Die Prüfer unterscheiden bei jeder einzelnen Speise nur, ob sie genießbar oder ungenießbar ist. Als Prüfungsergebnis wird die Anzahl der ungenießbaren Speisen eines Menüs notiert.

a) Geben Sie einen passenden Ergebnisraum Ω an.

b) Beschreiben Sie folgende Ereignisse durch Elemente aus Ω:
   A: „Mindestens zwei Gerichte sind genießbar."
   B: „Höchstens ein Gericht ist ungenießbar."

c) Formulieren Sie in verständlichen Worten:
   $\overline{A}$; $\overline{B}$; $\overline{B} \cap A$; $\overline{A} \cup B$

Lösung:

a) $\Omega = \{0; 1; 2; 3; 4\}$

   Dabei geben die Elemente aus Ω die Anzahlen der ungenießbaren Gerichte an. 0 steht also für 0 ungenießbare Gerichte.

b) Wenn mindestens zwei Gerichte genießbar sind, so sind es 2, 3 oder 4. Somit sind 2, 1 bzw. 0 Gerichte ungenießbar.
   A = {0; 1; 2}

   Wenn höchstens ein Gericht ungenießbar ist, so ist es entweder keines oder genau eines.
   B = {0; 1}

c) $\overline{A} = \{3; 4\}$:   „Mindestens drei Gerichte sind ungenießbar."

   $\overline{B} = \{2; 3; 4\}$:   „Mindestens zwei Gerichte sind ungenießbar."

   $\overline{B} \cap A = \{2\}$:   „Genau zwei Gerichte sind ungenießbar."

   $\overline{A} \cup B = \{0; 1; 3; 4\}$: „Genau zwei ungenießbare Gerichte gibt es nicht."

Zu Halloween streifen die Kinder von Haus zu Haus und rufen vor den Türen: „Süßes oder Saures!" Mit dem Ausruf ist gemeint: „Gib mir Süßes oder ich gebe dir Saures, indem ich dir einen Streich spiele." Die Umgangssprache unterscheidet also nicht zwischen „Süßes oder Saures" und „entweder gibst du mir Süßes oder ich gebe dir Saures".

In der Mathematik jedoch spielt es eine sehr große Rolle, ob es sich bei dem Wort „oder" um ein **einschließendes** bzw. **ausschließendes oder** handelt. Überhaupt ist es gerade in der Stochastik wichtig, ganz genau auf Konjunktionen wie „und", „oder" und auf Adverbien wie „genau", „mindestens", „höchstens", „weniger als" und „mehr als" zu achten.

Beispiel

Jonas setzt beim Roulette sowohl einen Chip auf die „zehnte Querreihe" (A = {28; 29; 30}) als auch einen Chip auf „vier Zahlen im Viereck, beginnend mit 26" (B = {26; 27; 29; 30}), vgl. Spielplan auf Seite 11.
Geben Sie für die folgenden Ereignisse die zugehörigen Mengen an:

a) Beide Chips haben gewonnen.

b) Mindestens ein Chip hat gewonnen.

c) Genau ein Chip hat gewonnen.

d) Höchstens ein Chip hat gewonnen.

e) Kein Chip hat gewonnen.

Lösung:

a) Falls **beide Chips** gewonnen haben, blieb die Kugel im Feld 29 oder im Feld 30 liegen. Es sind dann beide Ereignisse, also „A und B" eingetreten. Die ausführlichere Sprechweise ist „**A und zugleich B**" und bedeutet hier:
$A \cap B = \{29; 30\}$

b) Wenn **mindestens ein** Chip gewonnen hat, so ist das Ereignis „A oder B" eingetreten. Die Kugel liegt dann in einem der Felder von 26 bis 30. Ausführlicher ausgedrückt heißt das Ereignis „**A oder (aber auch) B**", hier:
$A \cup B = \{26; 27; 28; 29; 30\}$

c) Das „A oder B" von Teilaufgabe b darf man nicht verwechseln mit dem Ereignis „entweder A oder B"! Bei diesem Ereignis hat nämlich nur **genau einer** der zwei Chips gewonnen. Die Sprechweise „**entweder A oder B**" oder „genau eines der beiden Ereignisse" bedeutet:
$(A \cap \overline{B}) \cup (\overline{A} \cap B)$ oder $(A \cup B) \setminus (A \cap B)$

In diesem Fall wäre es die Menge {26; 27; 28}.

d) **Höchstens** einer der beiden Chips gewinnt, wenn nicht beide Ereignisse zugleich eingetreten sind. Es fiel also keine Zahl aus der Schnittmenge {29; 30}, sondern eine der restlichen 35 Zahlen auf der Roulettescheibe. Die Sprechweise „**höchstens eines der Ereignisse A oder B ist eingetreten**" bedeutet:
$\overline{A \cap B} = \overline{A} \cup \overline{B}$
Hier: $\Omega \setminus \{29; 30\}$

e) **Keiner** der Chips gewinnt, wenn „**weder A noch B**" eingetreten ist, d. h. $\overline{A} \cap \overline{B}$, hier also: {0; 1; 2; ...; 24; 25; 31; 32; ...; 36}

Um später Wahrscheinlichkeiten für Ereignisse richtig bestimmen zu können, müssen Sie genau auf die Formulierungen des Textes achten und mit den Ereignissen sicher umgehen können. Folgende Tabelle stellt deshalb die verschiedenen Sprech- und Mengenschreibweisen sowie die Möglichkeiten der Veranschaulichung zusammen.

Sprechweisen	Mengenschreibweise	Tabelle	Mengendiagramm
• Gegenereignis von A • nicht A • A quer	$\overline{A} = \Omega \setminus A$		
• Ereignis A und B • beide Ereignisse • sowohl A als auch B	$A \cap B$		
• Ereignis A oder B • mindestens eines der beiden Ereignisse	$A \cup B$		
• weder A noch B • keines der beiden Ereignisse • nicht A und auch nicht B	$\overline{A \cup B} = \overline{A} \cap \overline{B}$		
• nicht beide Ereignisse • höchstens eines der beiden Ereignisse	$\overline{A \cap B} = \overline{A} \cup \overline{B}$		
• A, aber nicht B • A ohne B	$A \cap \overline{B} = A \setminus B$		
• entweder A oder B • genau eines der beiden Ereignisse	$(A \cup B) \setminus (A \cap B) =$ $(\overline{A} \cap B) \cup (A \cap \overline{B})$		
• Ereignisse A und B sind unvereinbar	$A \cap B = \{ \; \}$		

Mengendiagramme eignen sich dazu, Verknüpfungen mehrerer Ereignisse, Tabellen eher, die Verknüpfung zweier Ereignisse zu veranschaulichen. Die Verknüpfung ist hier stets farbig getönt dargestellt.

Beispiele

1. Lisa würfelt mit zwei unterscheidbaren Würfeln und definiert die folgenden Ereignisse:
   A: „Die Augensumme ist kleiner als 4."
   B: „Die Augensumme ist gerade."
   C: „Mindestens ein Würfel zeigt die 3."

   a) Schreiben Sie die Ereignisse A, B und C in Mengenschreibweise.

   b) Formulieren Sie die Ereignisse E und F in Worten.
      $E = A \cap B$
      $F = C \backslash A$

   Lösung:

   a) $A = \{11; 12; 21\}$
      $B = \{11; 13; 15; 22; 24; 26; 31; 33; 35; 42; 44; 46; 51; 53; 55; 62; 64;$
      $\quad 66\}$
      $C = \{13; 31; 23; 32; 33; 43; 34; 53; 35; 63; 36\}$

   b) Ereignis E: „Die Augensumme ist kleiner als 4 und gerade."
      oder: „Die Augensumme ist 2." oder: „Beide Würfel zeigen die 1."
      Ereignis F: „Mindestens ein Würfel zeigt die 3."

      Sobald ein Würfel eine 3 zeigt, muss die Augensumme automatisch größer als 3 sein. Kein Ergebnis aus Ereignis A ist in Ereignis C enthalten, die Ereignisse A und C sind hier disjunkt ($A \cap C = \{ \}$).

2. a) Markieren Sie im jeweiligen Mengendiagramm das gegebene Ereignis.

   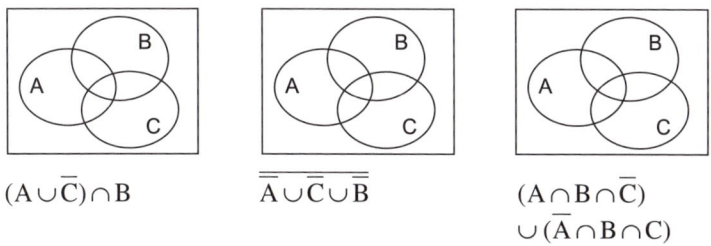

   $(A \cup \bar{C}) \cap B$ $\qquad$ $\overline{\overline{A \cup \bar{C}} \cup \bar{B}}$ $\qquad$ $(A \cap B \cap \bar{C})$
   $\qquad\qquad\qquad\qquad\qquad\qquad\qquad\qquad\quad \cup (\bar{A} \cap B \cap C)$

   b) Schreiben Sie die zu den gefärbten Flächen gehörenden Ereignisse auf.

   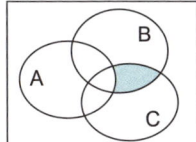 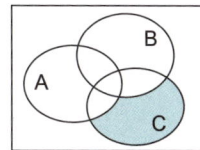 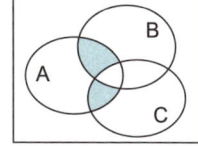

Lösung:

a)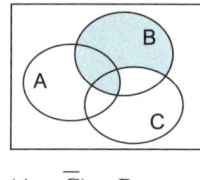

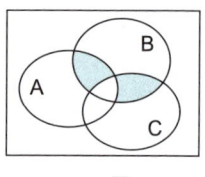

$(A \cup \overline{C}) \cap B$ $\overline{\overline{A} \cup \overline{C} \cup \overline{B}}$ $(A \cap B \cap \overline{C})$
$\cup (\overline{A} \cap B \cap C)$

b) Mengendiagramm links: $\overline{A} \cap B \cap C$

Mengendiagramm Mitte: $\overline{A} \cap \overline{B} \cap C$

Mengendiagramm rechts: $(A \cap B \cap \overline{C}) \cup (A \cap \overline{B} \cap C)$

3. Gegeben seien die Ergebnismenge

$\Omega = \{$Montag; Dienstag; Mittwoch; Donnerstag; Freitag; Samstag; Sonntag$\}$

sowie die Ereignisse

A: „Wochentag enthält den Buchstaben n."
B: „Wochentag enthält den Buchstaben o."
C: „Wochentag enthält zwei gleiche Konsonanten hintereinander."
D: „Wochentag mit genau einem Vokal, der doppelt vorkommt."

Erstellen Sie ein Mengendiagramm für Ω und tragen Sie die Ereignisse A bis D ein.

Lösung:

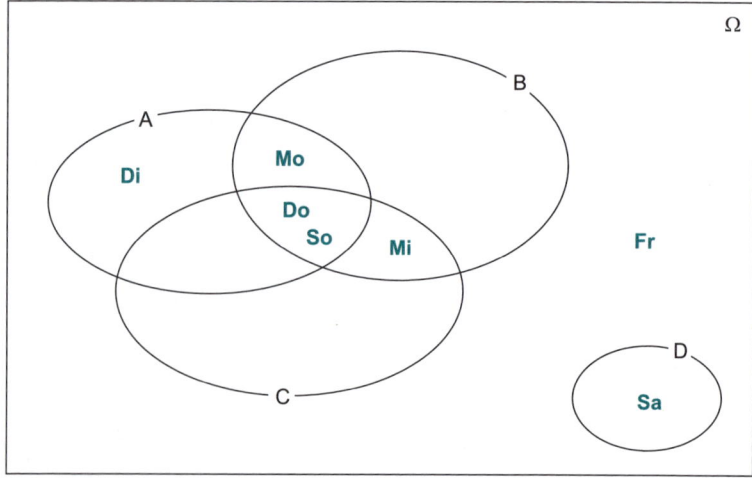

Für die Verknüpfung von Mengen gibt es zum Teil ähnliche „Rechengesetze" wie für Zahlen. Sie sollten sich die Gleichheit anhand von Mengendiagrammen klarmachen, die Namen der jeweiligen Rechengesetze sind nicht so wichtig!

Name des Gesetzes	für Zahlen	für Mengen
Kommutativgesetze	$a+b=b+a$ $a \cdot b = b \cdot a$	$A \cup B = B \cup A$ $A \cap B = B \cap A$
Assoziativgesetze	$(a+b)+c=a+(b+c)$ $(a \cdot b) \cdot c = a \cdot (b \cdot c)$	$(A \cup B) \cup C = A \cup (B \cup C)$ $(A \cap B) \cap C = A \cap (B \cap C)$
Distributivgesetze	$a \cdot (b+c) = a \cdot b + a \cdot c$	$A \cap (B \cup C) = (A \cap B) \cup (A \cap C)$ $A \cup (B \cap C) = (A \cup B) \cap (A \cup C)$
Existenz neutraler Elemente	$a+0=a$ $a \cdot 1 = a$	$A \cup \{\} = A$ $A \cap \Omega = A$
Gesetze für komplementäre Mengen		$A \cap \overline{A} = \{\}$ $A \cup \overline{A} = \Omega$ $\overline{\overline{A}} = A$
Idempotenzgesetze		$A \cap A = A$ $A \cup A = A$
Gesetze von de Morgan		$\overline{A \cap B} = \overline{A} \cup \overline{B}$ $\overline{A \cup B} = \overline{A} \cap \overline{B}$

Beispiele

1. A, B und C seien drei Ereignisse. Schreiben Sie die Ereignisse Z und M mithilfe von A, B und C.

   Ereignis Z: „Genau zwei dieser drei Ereignisse treten ein."

   Ereignis M: „Mindestens eines der Ereignisse tritt ein."

   Lösung:

   $$Z = (A \cap B \cap \overline{C}) \cup (A \cap \overline{B} \cap C) \cup (\overline{A} \cap B \cap C)$$

   Für Ereignis M nimmt man entweder von Ω das Gegenereignis „keines der drei Ereignisse tritt ein" weg oder man vereinigt die Ereignisse A, B und C, also:

   $$M = \Omega \setminus (\overline{A} \cap \overline{B} \cap \overline{C}) \quad \text{oder} \quad M = A \cup B \cup C \quad \text{oder} \quad M = \overline{\overline{A} \cap \overline{B} \cap \overline{C}}$$

2. Vereinfachen Sie $(\overline{\overline{A} \cup B}) \cap A$ und geben Sie das Ereignis in einfachen Worten an.

   Lösung:

   $$(\overline{\overline{A} \cup B}) \cap A = (\overline{\overline{A}} \cap \overline{B}) \cap A = (A \cap \overline{B}) \cap A = (A \cap A) \cap \overline{B} = A \cap \overline{B}$$

   Das Ereignis A und zugleich nicht B. Oder: Das Ereignis A, aber nicht B.

7. Bei einer Hip-Hop-Veranstaltung wird unterschieden:
W: „Die Person ist weiblich."
P: „Die Person hat einen Partner mitgebracht."
H: „Die Person hat einen Hip-Hop-Kurs besucht."
Beschreiben Sie die folgenden Aussagen in Worten:

a) $P = H$

b) $W \cup H$

c) $P \cap H = W$

d) $W \cap (\overline{H \cap P})$

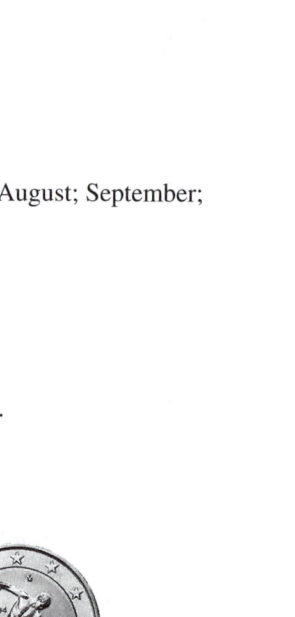

8. In einem Hochleistungsgerät arbeiten drei Kühlturbinen unabhängig vonein-
ander. Die Ereignisse T_1, T_2, T_3 sind definiert durch T_i: „Die i-te Turbine
kühlt nicht." (i = 1, 2, 3).
Beschreiben Sie mit den Ereignissen T_1, T_2, T_3 die Ereignisse A bis D.
A: „Alle Turbinen kühlen."
B: „Genau zwei Turbinen kühlen."
C: „Mindestens zwei Turbinen kühlen nicht."
D: „Nur die dritte Turbine kühlt nicht."

9. Gegeben seien die Ergebnismenge

$\Omega = \{$Januar; Februar; März; April; Mai; Juni; Juli; August; September;
Oktober; November; Dezember$\}$

und die Ereignisse

A: „Monatsname enthält den Buchstaben r."
B: „Monatsname enthält den Buchstaben l."
C: „Monatsname enthält den Buchstaben z."

Schreiben Sie die Ereignisse als Teilmengen von Ω.

a) $(\overline{A} \cap B) \cup (\overline{B} \cap A)$

b) $C \cup (A \cap B)$

10. Julia wirft im Urlaub dreimal eine grie-
chische 2-€-Münze. Es wird nach Dis-
kuswerfer (D) und Zahl (Z) unterschieden. Definiert werden die Ereignisse
A: „Der erste Wurf zeigt Z."
B: „Der zweite Wurf zeigt D."

a) Geben Sie den Ergebnisraum mithilfe von 3-Tupeln an.

b) Beschreiben Sie die Ereignisse R bis V in Worten und schreiben Sie sie als Teilmengen von Ω:

$R = A \cap B$ $\qquad$ $S = \overline{A}$ $\qquad$ $T = A \cup B$ $\qquad$ $U = \overline{A} \cap B$ $\qquad$ $V = \overline{A} \cap \overline{B}$

c) Geben Sie das Gegenereignis von $H = \{DDD\}$ an.

11. Ein Patient bekommt zur Schmerzlinderung am Morgen und am Abend je eine Tablette, welche die Krankenschwester zufällig aus einer Schachtel mit 8 wirksamen und 2 unwirksamen Tabletten (Placebos) entnimmt.

a) Geben Sie einen passenden Ergebnisraum an. Wie viele Elemente besitzt der zu Ω gehörende Ereignisraum?

b) Prüfen Sie, ob die Ereignisse A: „Beide Tabletten sind wirksam." und B: „Genau eine Tablette ist ein Placebo." unvereinbar sind.

c) Formulieren Sie das Ereignis $\overline{A} \cap \overline{B}$ im Sachzusammenhang.

12. In einem Lostopf sind noch 4 Lose. Betrachten Sie die Ereignisse

A: „Höchstens ein Los ist eine Niete."
B: „Mindestens ein Los ist eine Niete."

und beschreiben Sie folgende Ereignisse in Worten:

a) $\overline{A}$ $\qquad\qquad\qquad\qquad$ b) $\overline{B}$

c) $A \cup B$ $\qquad\qquad\qquad\quad$ d) $A \setminus B$

e) $B \setminus A$ $\qquad\qquad\qquad\quad$ f) $A \cap B$

g) $\overline{A \cup B}$ $\qquad\qquad\qquad\quad$ h) $\overline{A \cap B}$

i) $\overline{A} \cup B$ $\qquad\qquad\qquad\quad$ j) $A \cup \overline{B}$

13. Fünf Spieler des FCB treten nacheinander zum Elfmeterschießen an. T_i sei das Ereignis „Der i. Spieler schießt ein Tor.". Beschreiben Sie die Ereignisse S und V in Worten:

$$S = \overline{T_1 \cap T_2 \cap T_3 \cap T_4 \cap T_5}$$

$$V = \overline{T_1 \cup T_2 \cup T_3 \cup T_4 \cup T_5}$$

14. Olli möchte 5 nicht unterscheidbare Bleistifte auf seine drei jüngeren Geschwister Susi, Janosch und Paula aufteilen. Geben Sie an, auf wie viele Arten er diese an die Kinder verteilen kann, wenn es auch völlig ungerecht geschehen darf.

15. In einer kleinen Eisdiele gibt es fünf Sorten Eis zur Auswahl. Jedes Kind darf sich einen Becher mit drei verschiedenen Sorten kaufen. Die Reihenfolge soll dabei keine Rolle spielen. Luisa will auf jeden Fall Vanille. Julia will entweder Schoko oder Mango. Dominik will Zitrone nur dann, wenn auch Schoko dabei ist. Dana sagt: „Wenn Erdbeere, dann nicht Zitrone."

a) Listen Sie auf, welche Sorten die Kinder unter diesen Bedingungen bekommen können.

b) Ermitteln Sie, mit welchen Eisbechern der Verkäufer entweder Luisas Wunsch oder den von Julia erfüllen kann.

c) Überprüfen Sie, ob die vier Wünsche unvereinbar sind oder ob es eine Zusammenstellung gibt, bei der alle Kinder zugleich glücklich wären.

16. Das rechts abgebildete Glücksrad wird dreimal nacheinander gedreht.

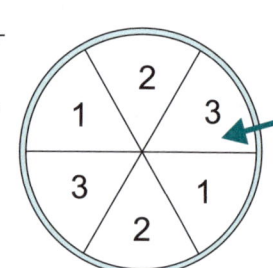

a) Geben Sie den Ergebnisraum Ω und seine Mächtigkeit an.

b) Geben Sie die Ereignisse
A: „Es wird höchstens zweimal die 3 gedreht."
B: „Es wird mindestens zweimal die 3 gedreht."
als Teilmengen von Ω an.

c) Formulieren Sie die Ereignisse $C = A \cap B$ und $D = \overline{A} \cap B$ in Worten.

d) Formulieren Sie das Ereignis E: „weder A noch B" mit der Mengensymbolik und geben Sie es als Teilmenge von Ω an.

e) Untersuchen Sie A und $\overline{B}$ auf Unvereinbarkeit.

17. Bei der praktischen Führerscheinprüfung treten drei Prüflinge nacheinander an. Man interessiert sich nun einzig dafür, ob der Prüfling bereits volljährig ist oder nicht. Kürzen Sie volljährig mit v und minderjährig mit m ab.

a) Geben Sie die Ergebnismenge an.

b) Schreiben Sie die folgenden Ereignisse als Teilmengen von Ω.
A: „Der dritte Prüfling ist noch nicht volljährig."
B: „Mindestens zwei Prüflinge sind unter 18 Jahren."
C: „Alle drei Prüflinge sind minderjährig."
D: „Nur der dritte Prüfling ist volljährig."
E: „Der erste und der zweite Prüfling ist über 18 Jahre."

c) Untersuchen Sie die Ereignisse A und E, B und D sowie B und E auf Unvereinbarkeit.

d) Formulieren Sie die folgenden Ereignisse in Worten und schreiben Sie sie als Teilmengen von Ω:
$A \cap B, B \cap \overline{C}, A \cap D, A \cup D$

Der Wahrscheinlichkeitsbegriff

1 Absolute und relative Häufigkeit

Nach einer Woche im Skilager wird das
Spielen mit Würfeln und Münzen lang-
weilig. Für den Abschlussabend hat Paula
einige Reißnägel mitgebracht. Sie wirft
fünf Reißnägel auf den Tisch, drei davon
liegen mit dem Kopf nach unten. Sie wettet, dass die Lage ⚲ häufiger vorkommt
als die Lage ⚲.
Felix wirft sechs Reißnägel, vier davon
liegen schräg. Er wettet im Gegenzug,
dass die Lage ⚲ seltener vorkommt.
Wie können Paula und Felix entscheiden,
wer recht hat? – Offensichtlich müssen sie
die Zahl der Würfe erhöhen.

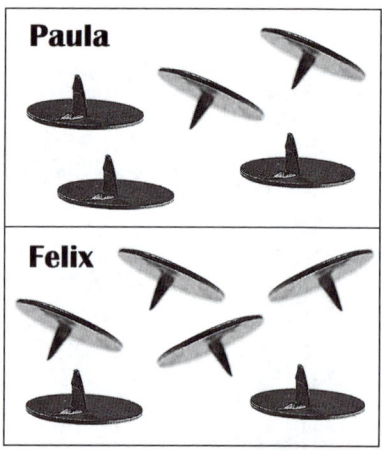

Bei 20 Würfen landet die Fläche insgesamt 8-mal unten. Felix freut sich schon,
aber nach 40 Würfen ist die Fläche 21-mal unten. Sie werfen weiter und notieren
ihre Ergebnisse in einer Tabelle und berechnen zusätzlich den Quotienten $\frac{k}{n}$.

n: Zahl der Würfe	20	40	60	80	100	120	140
k: Anzahl der ⚲	8	21	23	40	46	63	73
$\frac{k}{n}$	0,400	0,525	0,383	0,500	0,460	0,525	0,521

n: Zahl der Würfe	160	180	200	220	240	260	280
k: Anzahl der ⚲	80	92	98	114	117	128	133
$\frac{k}{n}$	0,500	0,511	0,490	0,518	0,488	0,492	0,475

n: Zahl der Würfe	300	320	340	360	380
k: Anzahl der ⚲	145	157	166	176	185
$\frac{k}{n}$	0,483	0,491	0,488	0,489	0,487

Definition

Tritt bei n Versuchen eines Zufallsexperiments das Ereignis A genau k-mal auf, so
heißt k die **absolute Häufigkeit** des Ereignisses A.

Der Quotient $\frac{k}{n}$ heißt **relative Häufigke**it des Ereignisses A. Man schreibt $h_n(A)$.

Es gilt: $h_n(A) = \frac{\text{absolute Häufigkeit}}{\text{Anzahl der Versuche}} = \frac{k}{n}$

Paula stellt die Daten in einem Schaubild dar, in dem sie auf der x-Achse die Anzahl n der Versuche und auf der y-Achse die relative Häufigkeit aufträgt:

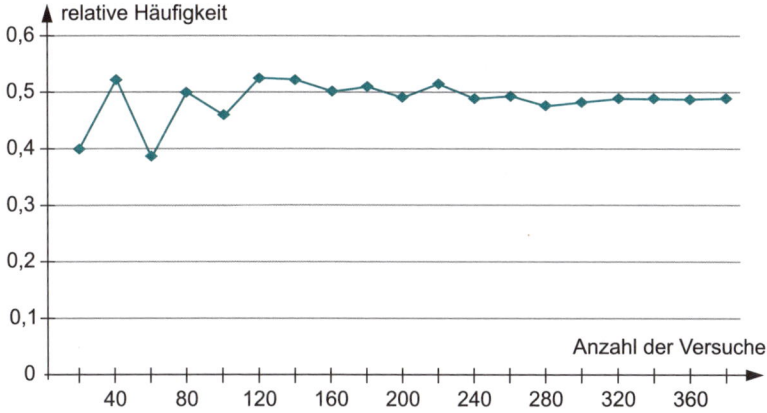

Aus diesem Schaubild erkennt man für den Wurf des Reißnagels:
- Bei einer geringen Versuchsanzahl schwankt die relative Häufigkeit stark.
- Die Schwankungen werden geringer, je mehr Versuche gemacht werden.
- Ab etwa 320 Versuchen stabilisiert sich der Wert der relativen Häufigkeit bei einer bestimmten Zahl. Diese ist hier etwa $0{,}49 = 49\,\%$.

  Das Ereignis ⌐ kommt also etwas seltener vor.

Anmerkung: Die letzte Aussage über das Werfen eines Reißnagels kann nicht verallgemeinert werden. Jeder Reißnagel fällt anders und hat eine von seiner Bauart abhängige Wahrscheinlichkeit für das Landen auf dem Kopf oder auf der Seite.

Regel

> Wird ein beliebiges Zufallsexperiment n-mal durchgeführt, so stabilisiert sich die relative Häufigkeit eines Ereignisses $h_n(A)$ für immer größer werdendes n in der Regel um einen festen Wert. Man nennt dies das **Gesetz der großen Zahlen**.

Beispiele

1. In einem Ferienlager werden 221 Schüler befragt, welche Sprache sie heuer lernen. Bestimmen Sie die relative Häufigkeit der Schüler, die

   a) nur Englisch

   b) Latein

   c) entweder Französisch oder Latein

   d) mindestens zwei Fremdsprachen

   e) Latein oder Französisch

   lernen. Geben Sie die Ergebnisse in % an, gerundet auf 1 Dezimale.

   32 nur Englisch

   58 Englisch & Latein, aber kein Französisch

   44 Englisch & Französisch, aber kein Latein

   87 Englisch & Latein & Französisch

Lösung:
Das nebenstehende Mengendia-
gramm dient der Veranschauli-
chung und wird im nächsten
Unterkapitel näher erläutert.
Gesamt: $32 + 58 + 44 + 87 = 221$

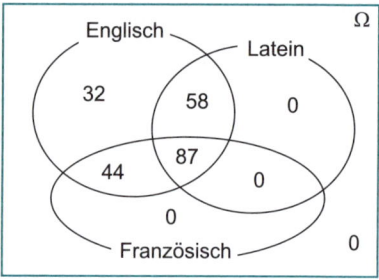

a) $\frac{32}{221} \approx 14,5\,\%$

b) $\frac{58 + 87}{221} \approx 65,6\,\%$

c) $\frac{44 + 58}{221} \approx 46,2\,\%$ ausschließendes „entweder … oder"

d) $\frac{58 + 44 + 87}{221} \approx 85,5\,\%$

e) $\frac{58 + 44 + 87}{221} \approx 85,5\,\%$ einschließendes „oder"

2. Ein Mathematiklehrer erzählt im Unterricht, dass man mit einem Zahnstocher die Kreiszahl π bestimmen kann. Dazu muss man auf einem großen
Bogen Papier parallele Linien im Abstand d zeichnen und einen Zahnstocher der Länge ℓ auf das Papier werfen. Dabei kann der Zahnstocher entweder eine der Geraden schneiden (Ereignis S) oder nicht schneiden. Be-
rührt die Spitze des Zahnstochers eine Gerade, so wird dies als „Schnitt"
gewertet. Der Comte de Buffon fand für $\ell \leq d$ heraus:
Die relative Häufigkeit des Ereignisses S nähert sich dem Wert $\frac{k}{n} = \frac{2 \cdot \ell}{\pi \cdot d}$.

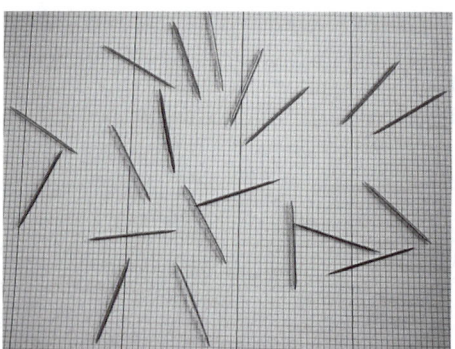

Papier mit Linien im Abstand d = 10 cm,
Zahnstocher der Länge ℓ = 8 cm

Georges-Louis Leclerc 1707–1788,
Comte de Buffon,
Mathematiker und Naturforscher

Franz probiert es aus. Sein Zahnstocher ist 6,5 cm lang und der Abstand der Linien ist 13 cm. Nach vielen Versuchen sieht seine Tabelle so aus:

Anzahl der Versuche	1 000	2 000	3 000
davon eine Linie geschnitten	320	628	948
$h_n(S) = \frac{k}{n}$	0,320	0,314	0,316

a) Lösen Sie die oben angegebene Formel $\frac{k}{n} = \frac{2 \cdot \ell}{\pi \cdot d}$ nach π auf und berechnen Sie unter Verwendung der Tabelle die drei Näherungswerte von π (gerundet auf 3 Dezimalen).

b) Bestimmen Sie den Näherungswert von π, der sich aus dem linken Foto ergibt (siehe Seite 26).

c) Franz wirft seinen Zahnstocher 867-mal und zählt 276-mal „schneiden".
Zeigen Sie, dass er als Näherungswert $\pi \approx 3{,}1413$ erhält, und bestimmen Sie die möglichen Näherungswerte nach einem weiteren Wurf. Interpretieren Sie die Ergebnisse.

Lösung:

a) $\pi = \dfrac{2 \cdot \ell \cdot n}{k \cdot d}$

Näherung bei 1 000 Versuchen: $\pi \approx \dfrac{2 \cdot 6{,}5 \,\text{cm} \cdot 1\,000}{320 \cdot 13 \,\text{cm}} = 3{,}125$

Näherung bei 2 000 Versuchen: $\pi \approx \dfrac{2 \cdot 6{,}5 \,\text{cm} \cdot 2\,000}{628 \cdot 13 \,\text{cm}} \approx 3{,}185$

Näherung bei 3 000 Versuchen: $\pi \approx \dfrac{2 \cdot 6{,}5 \,\text{cm} \cdot 3\,000}{948 \cdot 13 \,\text{cm}} \approx 3{,}165$

b) Das linke Foto zeigt, dass es von 20 Würfen in 11 Fällen einen Schnittpunkt mit einer Linie gibt, also: $n = 20$; $k = 11$; $d = 10$ cm; $\ell = 8$ cm

Damit folgt: $\pi \approx \dfrac{2 \cdot 8 \,\text{cm} \cdot 20}{11 \cdot 10 \,\text{cm}} \approx 2{,}909$

c) $\pi \approx \dfrac{2 \cdot 6{,}5 \,\text{cm} \cdot 867}{276 \cdot 13 \,\text{cm}} = \dfrac{867}{276} \approx 3{,}1413$

Nach einem weiteren Wurf ist $n = 868$. Schneidet bei diesem Wurf der Zahnstocher eine Linie, wird k um 1 größer, also $k = 277$. Wird keine Linie geschnitten, bleibt k unverändert, also $k = 276$.

Dann folgt: $\pi \approx \dfrac{868}{276} \approx 3{,}1449$ oder $\pi \approx \dfrac{868}{277} \approx 3{,}1336$

Die Näherung verschlechtert sich also in beiden Fällen. Mit zunehmender Anzahl der Würfe muss die Näherung für π nicht unbedingt besser werden.

Aufgaben   **18.** Die beiden Rivalen André und Eric streiten mal wieder. André: „Du hast
schon 7 Elfmeter verschossen und ich nur 5." Eric: „Aber ich habe 18-mal
getroffen und du nur 17-mal."

    a) Begründen Sie rechnerisch, wer der bessere Elfmeterschütze war.

    b) Ermitteln Sie, wie sich nach jeweils zwei weiteren Schussversuchen die
beiden Trefferquoten verändern können.

19. Die Abbildung zeigt ein Quadrat von 1 m
Seitenlänge und einen Viertelkreis. Auf das
Quadrat fallen Regentropfen. Fällt ein Tropfen dabei zufällig auch in den Viertelkreis,
spricht man von einem Treffer.

    a) Schätzen Sie, wie groß die relative Häu-
figkeit des Ereignisses „Treffer" sein
wird. Begründen Sie Ihre Wahl.

    b) Bestimmen Sie zwei Zufallszahlen x und
y zwischen 0 und 1. Der Punkt P(x|y)
liegt dann sicher im Quadrat. Ermitteln
Sie rechnerisch, ob P(x|y) auch innerhalb des Viertelkreises liegt.

    c) Simulieren Sie mithilfe Ihres CAS-Rechners den Fall mit 50 Tropfen. Be-
rechnen Sie nach jedem Versuch die relative Häufigkeit für einen Treffer
und erstellen Sie ein geeignetes Diagramm.

2   Veranschaulichung von Häufigkeiten durch Mengendiagramm und Vierfeldertafel

Oft ist es hilfreich, absolute als auch relative Häufigkeiten grafisch darzustellen.
Hierfür gibt es zwei Möglichkeiten:

Regel   Häufigkeiten lassen sich entweder in einem **Mengendiagramm** oder in einer
Vierfeldertafel darstellen.

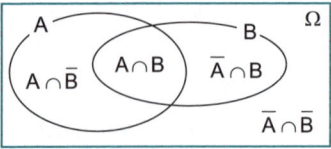

	A	$\overline{A}$	
B	|A∩B|	|$\overline{A}$∩B|	|B|
$\overline{B}$	|A∩$\overline{B}$|	|$\overline{A}$∩$\overline{B}$|	|$\overline{B}$|
	|A|	|$\overline{A}$|	|Ω|

Mengendiagramm   Vierfeldertafel

Beispiel

In einer Kleingartensiedlung gibt es 33 Parzellen. In 13 Gärten steht ein Apfelbaum, in 16 Gärten steht ein Birnbaum und in 9 Gärten gibt es keine Bäume.
Stellen Sie die Situation sowohl in einem Mengendiagramm als auch in einer Vierfeldertafel dar.

Lösung:
Auf den ersten Blick scheint die Auflistung der Gärten und der Bäume nicht möglich zu sein, denn $13 + 16 + 9 = 38$. Das sind 5 zu viel, da die Siedlung nur 33 Gärten hat. „In 13 Gärten steht ein Apfelbaum" **bedeutet nicht** „... steht **nur** ein Apfelbaum", es können dort auch Birnbäume sein. In 5 Gärten steht also sowohl ein Apfel- als auch ein Birnbaum. Nur Birnbäume stehen in $16 - 5 = 11$ Gärten und nur Apfelbäume in $13 - 5 = 8$ Gärten.

Das folgende Mengendiagramm veranschaulicht die Situation, wobei das Ereignis A für „Garten mit Apfelbaum" und das Ereignis B für „Garten mit Birnbaum" steht:

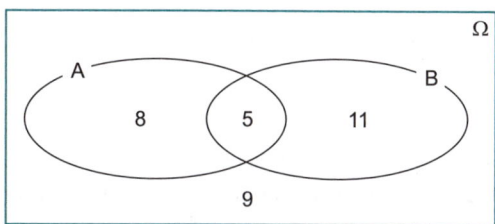

Nachteil des Mengendiagramms ist in dem Fall, dass die meisten gegebenen Zahlen sich nicht im Diagramm wiederfinden lassen.
Übersichtlicher ist die Vierfeldertafel, da die gegebenen Zahlen (farbig gedruckt) direkt in die passenden Felder eingetragen werden können:

	B	$\overline{B}$	
A			13
$\overline{A}$		9	x
	16	y	33

Dann kann man schrittweise weiter ausfüllen.

Schritt 1: $13 + x = 33 \qquad | -13$
$\qquad\qquad\qquad x = 20$
Also haben 20 Gärten keinen Apfelbaum, d. h. $|\overline{A}| = 20$.

Schritt 2: $16 + y = 33 \qquad | -16$
$\qquad\qquad\qquad y = 17$
Also haben 17 Gärten keinen Birnbaum, d. h. $|\overline{B}| = 17$.

Die restlichen Felder sind ebenso einfach zu füllen. Das letzte freie Feld bietet dann eine Kontrollmöglichkeit, denn sowohl die Zeilen- als auch die Spaltensumme muss stimmen. Es ergibt sich schließlich:

	B	$\overline{B}$	
A	5	8	**13**
$\overline{A}$	11	**9**	20
	16	17	**33**

Die farbig gedruckten Zahlen sind gegeben.

Eine solche Tabelle heißt **Vierfeldertafel mit absoluten Häufigkeiten**.

Will man eine **Vierfeldertafel mit relativen Häufigkeiten**, muss man nur alle Zahlen durch die Gesamtzahl teilen, hier also durch 33.

	B	$\overline{B}$	
A	$\frac{5}{33}$	$\frac{8}{33}$	$\frac{13}{33}$
$\overline{A}$	$\frac{11}{33}$	$\frac{9}{33}$	$\frac{20}{33}$
	$\frac{16}{33}$	$\frac{17}{33}$	1

Rundet man auf drei Nachkommastellen, so ist das Ergebnis in % auf eine Nachkommastelle genau. Durch Rundungsfehler könnte es jedoch vorkommen, dass die Zeilen- oder Spaltensumme nicht genau 1 ist.

	B	$\overline{B}$	
A	0,152	0,242	0,394
$\overline{A}$	0,333	0,273	0,606
	0,485	0,515	1

Aufgaben **20.** Von 400 Schülern gehen 150 in einen Sportverein, von diesen Sportlern spielen 40 auch noch ein Musikinstrument. 87,5 % aller Schüler haben mindestens eines dieser beiden Hobbys.
Ermitteln Sie mithilfe einer Vierfeldertafel, wie viele Schüler genau eines der beiden Hobbys haben.

21. Manchmal ist bei einer Aufgabe eine Angabe zu wenig gegeben, um die zugehörige Vierfeldertafel eindeutig auszufüllen. Betrachten Sie hierzu folgende Situation: Von 140 Schülern haben 72 eine Brille, 55 Schüler sind faul. Bestimmen Sie das Intervall, in dem die Anzahl derjenigen Schüler liegt, die eine Brille haben, aber nicht faul sind.

22. Ein Kaffeeautomat arbeitet nicht einwandfrei. Bei 100-maliger Benutzung erhält man 60-mal einen Kaffee, 35-mal wird die Münze wieder ausgegeben, 25-mal gibt es weder einen Kaffee noch eine Münze. Bestimmen Sie mithilfe einer Vierfeldertafel die relativen Häufigkeiten für die Ereignisse
A: „Man erhält einen kostenlosen Kaffee."
B: „Man erhält keinen Kaffee, aber die Münze kommt wieder."
C: „Entweder kommt der Kaffee oder die Münze."

3   Eigenschaften der relativen Häufigkeit

Aus der Definition für die relative Häufigkeit $h_n(A) = \frac{k}{n}$ eines Ereignisses A lassen sich folgende Eigenschaften begründen:

Regel

- Die relative Häufigkeit eines Ereignisses A ist eine rationale Zahl im Intervall [0; 1], also:

$$0 \leq h_n(A) \leq 1$$

- Die Summe der relativen Häufigkeiten aller Ergebnisse eines Zufallsexperiments ist 1:

$$h_n(\omega_1) + h_n(\omega_2) + h_n(\omega_3) + \ldots + h_n(\omega_k) = 1$$

- Die relative Häufigkeit eines Ereignisses A ist die Summe der relativen Häufigkeiten derjenigen Ergebnisse, die das Ereignis A bilden:

$$h_n(A) = \sum_{\omega \in A} h_n(\omega)$$

- Das unmögliche Ereignis tritt nie ein:

$$h_n(\{\ \}) = \frac{0}{n} = 0$$

- Das sichere Ereignis tritt in allen n Versuchen auf:

$$h_n(\Omega) = \frac{n}{n} = 1$$

- Tritt bei n Versuchen k-mal das Ereignis A ein, dann tritt in den restlichen $n-k$ Versuchen A nicht ein. Für die relative Häufigkeit des Gegenereignisses $\overline{A}$ gilt also:

$$h_n(\overline{A}) = \frac{n-k}{n} = 1 - \frac{k}{n} = 1 - h_n(A)$$

- Für die relative Häufigkeit der Vereinigung zweier Ereignisse gilt:

$$h_n(A \cup B) = h_n(A) + h_n(B) - \mathbf{h_n(A \cap B)}$$

Anmerkung: Bei der Vereinigung zweier Ereignisse wird oft der „Korrekturterm" $-h_n(A \cap B)$ vergessen, der Schnitt der beiden Ereignisse ist in $h_n(A) + h_n(B)$ aber doppelt enthalten. Der Sonderfall $h_n(A \cup B) = h_n(A) + h_n(B)$ gilt nur, wenn A und B unvereinbar sind, falls also $A \cap B = \{\ \}$.

Beispiele

1. Ein Glücksrad ist in 8 ungleiche Sektoren eingeteilt. Jans Aufzeichnungen zeigen, welche Zahl mit welcher relativen Häufigkeit aufgetreten ist:

Zahl	2	3	4	5
relative Häufigkeit	0,18	0,15	0,16	0,14

Zahl	6	8	9	12
relative Häufigkeit	0,02	0,11	0,05	

Berechne, mit welcher relativen Häufigkeit die Zahl 12 erschienen ist.

Lösung:
Da es nur 8 mögliche Zahlen gibt, muss die Summe aller 8 Häufigkeiten 1 ergeben.
$1 - 0,18 - 0,15 - 0,16 - 0,14 - 0,02 - 0,11 - 0,05 = 0,19$
Die Zahl 12 erschien also in 19 % aller Versuche.

2. 600 Passanten drehen an dem Glücksrad aus Beispiel 1.
Bestimmen Sie die ungefähre Zahl der Personen, die eine

   a) Zahl erhalten, die kleiner als 8 ist. (Ereignis A)

   b) durch drei teilbare Zahl erhalten. (Ereignis B)

   c) Zahl erhalten, die kleiner als 8 und durch drei teilbar ist. (Ereignis C)

   d) Zahl erhalten, die kleiner als 8 oder durch drei teilbar ist. (Ereignis D)

Lösung:

   a) $A = \{2; 3; 4; 5; 6\}$
   $h_{600}(A) = 0,18 + 0,15 + 0,16 + 0,14 + 0,02 = 0,65$
   Anzahl der Personen: $0,65 \cdot 600 = 390$

   b) $B = \{3; 6; 9; 12\}$
   $h_{600}(B) = 0,15 + 0,02 + 0,05 + 0,19 = 0,41$
   Anzahl der Personen: $0,41 \cdot 600 = 246$

   c) $C = A \cap B = \{3; 6\}$
   $h_{600}(C) = 0,15 + 0,02 = 0,17$
   Anzahl der Personen: $0,17 \cdot 600 = 102$

„und" bedeutet, dass beide Eigenschaften erfüllt sein müssen
$\Rightarrow$ gesucht ist nach „$\cap$"

d) $D = A \cup B = \{2; 3; 4; 5; 6; 9; 12\}$

Wieder könnte man die Summe aller relativen Häufigkeiten bilden. Einfacher ist es hier aber, das Gegenereignis zu verwenden:

„oder" bedeutet hier „entweder die eine Eigenschaft oder die andere Eigenschaft oder beide zugleich"
$\Rightarrow$ gesucht ist nach „$\cup$"

$$\overline{D} = \Omega \setminus D = \{8\}$$

$$h_{600}(D) = 1 - h_{600}(\overline{D}) = 1 - 0,11 = 0,89$$

Anzahl der Personen: $0,89 \cdot 600 = 534$

Alternative Berechnung:
Möglich ist auch die Verwendung der Ergebnisse von den Teilaufgaben a bis c:

$h_{600}(A) = 0,65$
$h_{600}(B) = 0,41$
$h_{600}(A \cap B) = 0,17$
$h_{600}(D) = h_{600}(A) + h_{600}(B) - h_{600}(A \cap B) = 0,65 + 0,41 - 0,17 = 0,89$

Aufgaben

23. Die Abbildung zeigt den Anteil der männlichen Neugeborenen im jeweiligen Monat sowie die Entwicklung des Anteils der männlichen Neugeborenen von Januar 2008 bis April 2012 in Deutschland.

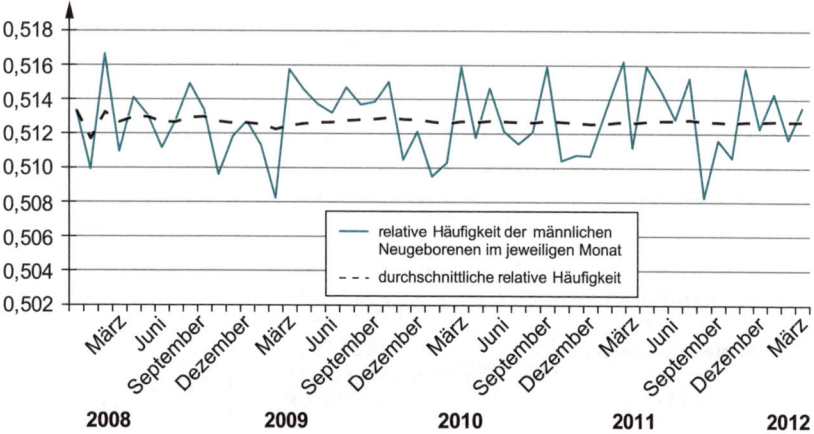

a) Entnehmen Sie der Abbildung den größten und den kleinsten Wert der relativen Häufigkeit der männlichen Neugeborenen im Jahr 2011 sowie den langfristigen Wert, bei dem sich die Häufigkeit in etwa einpendelt. Berechnen Sie für beide Monate die Abweichung vom langfristigen Wert in %.

b) Im März 2011 wurden 25 854 Mädchen geboren. Bestimmen Sie einen Schätzwert für die Gesamtzahl aller Neugeborenen in diesem Monat.

c) Im September 2011 wurden 60 308 Kinder geboren. Berechnen Sie die ungefähre Zahl der Mädchen.

24. Die Tabelle gibt Aufschluss über die Bevölkerungszahlen der Bundesländer im Jahr 2011.

Bundesland	Gesamte Bevölkerung Stand 30.09.2011	Ausländische Bevölkerung Stand 31.12.2011
Baden-Württemberg	10 783 791	1 208 289
Bayern	12 583 538	1 134 527
Berlin	3 490 445	471 270
Brandenburg	2 497 828	49 117
Bremen	660 042	78 356
Hamburg	1 796 077	235 666
Hessen	6 087 166	744 385
Mecklenburg-Vorpommern	1 636 303	31 465
Niedersachsen	7 920 456	470 683
Nordrhein-Westfalen	17 844 472	1 825 059
Rheinland-Pfalz	4 000 461	296 246
Saarland	1 014 166	78 552
Sachsen	4 137 330	89 136
Sachsen-Anhalt	2 317 416	45 925
Schleswig-Holstein	2 837 738	135 050
Thüringen	2 223 610	37 170
Gesamtdeutschland	81 830 839	6 930 896

a) Betrachten Sie die beiden bevölkerungsreichsten Bundesländer und bestimmen Sie, in welchem man eher einen ausländischen Mitbürger trifft.

b) Wie viel Prozent aller Ausländer Deutschlands leben in Bayern?

c) Entscheiden Sie, ob man seltener in den ostdeutschen oder in den westdeutschen Bundesländern einen Ausländer trifft.

d) Bestimmen Sie, wie vielen Deutschen aus Hamburg ein Ausländer aus Hamburg gegenübersteht.

e) Geben Sie an, in welchem Bundesland die meisten und wo die wenigsten Ausländer leben.

25. Aus einem unvollständigen Stapel Karten wurde immer wieder eine Karte gezogen, die Farbe notiert, die Karte zurückgelegt und neu gemischt. Daraus entstand folgende Tabelle, ergänzen Sie die fehlenden Werte:

	Eichel	Blatt	Schellen	Herz
absolute Häufigkeit		75	60	63
relative Häufigkeit			20 %	

26. Der Professor an einer Musikhochschule hat 50 Studenten. Am Montag fragt er, ob sie am Wochenende geübt haben. Dazu stellt er drei Fragen und notiert die zutreffenden Studentenzahlen (siehe Abbildung).
Berechnen Sie die relative Häufigkeit des Ereignisses „Klavier oder Geige geübt".
Ermitteln Sie die Anzahl der Studenten, die am Wochenende keines der Instrumente gespielt haben.

„Wer hat Klavier geübt?" → 24

„Wer hat Geige geübt?" → 39

„Wer hat Geige und Klavier geübt?" → 15

27. Bei einer Befragung von 50 Schülern zu ihren sportlichen Aktivitäten erhält man folgende Zahlen:
32 spielen Fußball, 17 Volleyball, 40 Nichtschwimmer, 5 Fußballer schwimmen, 6 Volleyballer schwimmen, 6 spielen Fußball und Volleyball, aber schwimmen nicht. 4 Schüler schwimmen, spielen Fußball und Volleyball.

a) Tragen Sie in einem Mengendiagramm das Sportverhalten der 50 Schüler ein.

b) Ermitteln Sie, wie viele Schüler keine der drei Sportarten ausüben.

c) Berechnen Sie die relativen Häufigkeiten für
A: „Schüler mit genau zwei Sportarten" und
B: „Schüler mit höchstens zwei Sportarten".

d) Formulieren Sie $\overline{A \cup B}$ in Worten und bestimmen Sie die relative Häufigkeit dieses Ereignisses.

4 Definition der Wahrscheinlichkeit

Morgen wird es wahrscheinlich regnen.

Ich komme morgen höchstwahrscheinlich nicht.

Am Samstag gewinne ich wahrscheinlich im Lotto.

Du hast dich wahrscheinlich verrechnet.

Mozart ist wahrscheinlich der bekannteste Komponist.

Die Frage, wie man Wahrscheinlichkeiten finden oder definieren kann, hat viele Mathematiker lange beschäftigt. 1919 versuchte der österreichische Mathematiker Richard von Mises den Begriff „Wahrscheinlichkeit eines Ereignisses A" mithilfe der relativen Häufigkeit zu definieren:

$$P(A) = \lim_{n \to \infty} h_n(A)$$

Wahrscheinlich heißt auf Englisch *probably*. Die Wahrscheinlichkeit eines Ereignisses A wird deshalb mit P(A) abgekürzt.

Obige Definition scheint zwar logisch, bringt aber theoretische und praktische Schwierigkeiten mit sich. Wann liegt h_n innerhalb eines kleinen Intervalls? Wer kann unendlich viele Zufallsexperimente durchführen? Die Zahl n der Versuche soll nicht allzu groß sein (sonst ist das Experiment zu aufwendig und zu teuer), n darf aber auch nicht zu klein sein (sonst ist das Ergebnis zu ungenau). Größere Abweichungen können immer wieder auftreten, werden aber immer „unwahrscheinlicher".

1933 verzichtete der russische Mathematiker Andrei Kolmogorow (1903–1987) auf eine zahlenmäßige Definition der Wahrscheinlichkeit eines Ereignisses. Er stellte lediglich drei Forderungen **(Axiome)** auf, aus denen dann weitere Eigenschaften gefolgert werden können.

Richard von Mises

Andrei Kolmogorow

Definition

Eine Funktion P, die jedem Ereignis $A \subset \Omega$ eine reelle Zahl P(A) zuordnet, ist eine **Wahrscheinlichkeitsverteilung**, wenn gilt:

Axiom 1: Die Wahrscheinlichkeit für jedes Ereignis $A \subset \Omega$ ist nie negativ:
$$P(A) \geq 0$$

Axiom 2: Die Wahrscheinlichkeit des sicheren Ereignisses ist 1:
$$P(\Omega) = 1$$

Axiom 3: Die Wahrscheinlichkeit, dass von zwei unvereinbaren Ereignissen $(A \cap B = \{\,\})$ entweder das eine oder das andere eintritt, ist gleich der Summe der beiden Wahrscheinlichkeiten:
$$P(A \cup B) = P(A) + P(B)$$

Wie die Zuordnung P(A) aussieht, wird dadurch jedoch nicht beantwortet. Aus den Axiomen lassen sich aber einige Folgerungen beweisen. Diese Folgerungen stehen im Einklang mit den Eigenschaften der relativen Häufigkeit. Kennt man die Wahrscheinlichkeiten aller Ergebnisse eines Zufallsexperiments, so kann man die Wahrscheinlichkeit aller Ereignisse von Ω berechnen.

Regel

Folgerung 1: $0 \leq P(\omega) \leq 1$

Folgerung 2: $\sum_{\omega \in \Omega} P(\omega) = 1$

Folgerung 3: $P(A) = \sum_{\omega \in A} P(\omega)$

Folgerung 4: $P(\{\,\}) = 0$

Folgerung 5: $P(\overline{A}) = 1 - P(A)$

Folgerung 6: $P(A \cup B) = P(A) + P(B) - P(A \cap B)$

Beispiele

1. Eine Pyramide hat vier verschiedenfarbige Seitenflächen. Eine ist rot, eine blau, eine grün und eine gelb. Beim Würfeln bleibt in 28 % aller Fälle die grüne Seite auf dem Tisch liegen. Die blaue Seite liegt viermal und die gelbe Seite dreimal so oft auf dem Tisch wie die rote.

   a) Stellen Sie die zugehörige Wahrscheinlichkeitsverteilung auf.

   b) Berechnen Sie die Wahrscheinlichkeit für das Ereignis
      A: „Dic gewürfelte Seite ist blau oder grün."

   c) Berechnen Sie die Wahrscheinlichkeit für das Ereignis
      B: „Es wird nicht rot gewürfelt."

Lösung:

a) Bezeichnet man die Wahrscheinlichkeit für die rote Seite mit x, so sieht die Wahrscheinlichkeitsverteilung wie folgt aus:

ω	rot	blau	grün	gelb
$P(\omega)$	x	4x	0,28	3x

Mithilfe von Folgerung 2 erhält man:

$$x + 4x + 0,28 + 3x = 1$$
$$8x + 0,28 = 1$$
$$8x = 0,72$$
$$x = 0,09$$

Die Summe der Wahrscheinlichkeiten aller Ergebnisse eines Zufallsexperiments ist 1. Die daraus entstehende Gleichung wird nach x aufgelöst.

Also gilt:

ω	rot	blau	grün	gelb
$P(\omega)$	0,09	0,36	0,28	0,27

b) $P(A) = P(\{\text{blau; grün}\}) = 0,36 + 0,28 = 0,64$ Folgerung 3

c) $P(B) = P(\text{nicht rot}) = 1 - P(\text{rot}) = 1 - 0,09 = 0,91$ Folgerung 5

2. Von den Schülern des Viscardi-Gymnasiums gehen 30 % in einen Sportverein; 80 % besitzen ein Handy. 20 % besitzen ein Handy und gehen in einen Sportverein.
Bestimmen Sie die Wahrscheinlichkeit, dass ein Schüler im Sportverein ist oder ein Handy besitzt.

Lösung:

Mit S: „Schüler geht in den Sportverein" und H: „Schüler besitzt ein Handy" ist gegeben:

$P(S) = 0,30;\ P(H) = 0,80;\ P(S \cap H) = 0,20$

Mit Folgerung 6 folgt:

$P(S \cup H) = P(S) + P(H) - P(S \cap H) = 0,30 + 0,80 - 0,20 = 0,90$

90 % der Schüler sind im Sportverein oder besitzen ein Handy.

3. Katja hat einen sechsseitigen Würfel durch Beschweren verschiedener Seiten so gezinkt, dass die Wahrscheinlichkeit für das Auftreten jeder Augenzahl proportional zu dieser ist.

a) Bestimmen Sie die Wahrscheinlichkeit für die Augenzahl 3.

b) Ina und Felix würfeln einmal mit Katjas Würfel. Ina wettet darauf, dass die Augenzahl gerade oder nicht prim ist. Felix wettet dagegen. Berechnen Sie die Wahrscheinlichkeit, mit der Ina gewinnt.

c) Entscheiden Sie, wie sich die Wetteinsätze von Ina und Felix verhalten müssen, damit die Wette fair ist.

Lösung:

a) Aufgrund der Proportionalität folgt für die Wahrscheinlichkeitsverteilung:

Augenzahl	1	2	3	4	5	6
Wahrscheinlichkeit	x	2x	3x	4x	5x	6x

$$x + 2x + 3x + 4x + 5x + 6x = 1 \qquad \text{Folgerung 2}$$
$$x = \frac{1}{21}$$

Für P(3) gilt somit:
$$P(3) = \frac{3}{21} = \frac{1}{7}$$

b) Die vier Zahlen 1, 2, 4 und 6 sind gerade oder nicht prim.
$$P(\text{Ina gewinnt}) = P(\{1; 2; 4; 6\}) = \frac{1}{21} + \frac{2}{21} + \frac{4}{21} + \frac{6}{21} = \frac{13}{21}$$

c) Da Ina in 13 von 21 Fällen gewinnt und Felix in den restlichen 8 Fällen, müssen sich die Wetteinsätze wie $13 : 8$ verhalten.

Bemerkung: Die Vorgehensweise, relative Häufigkeiten in **Mengendiagrammen** oder **Vierfeldertafeln** zu veranschaulichen, lässt sich $1 : 1$ auf **Wahrscheinlichkeiten** übertragen.

Aufgaben 28. Bei einem sechsseitigen Spielwürfel wird die Augenzahl 5 zur Augenzahl 6 und die Augenzahl 4 zur 2 abgeändert, ansonsten bleibt der Würfel unverändert.

a) Stellen Sie die zugehörige Wahrscheinlichkeitsverteilung auf:

Augenzahl	1	2	3	6
Wahrscheinlichkeit				

b) Bestimmen Sie jeweils die zugehörige Wahrscheinlichkeit.
A: „Die Augenzahl ist kleiner als 3."
B: „Die Augenzahl ist prim."
C: „Die Augenzahl ist nicht 3."
D: „Die Augenzahl ist Teiler von 6."
E: „Die Augenzahl ist prim oder gerade."

29. Eine Umfrage unter allen Reisenden eines IC-Zuges ergab: Jeder 3. Reisende ist kein Urlauber. Jeder 5. Urlauber ist allein unterwegs. 10 % der Reisenden sind weder Urlauber noch Alleinreisende. Ermitteln Sie, mit welcher Wahrscheinlichkeit eine zufällig ausgewählte Person allein unterwegs ist.

30. Erfahrungsgemäß erkranken in jedem Jahr 25 % der Bevölkerung an Grippe, 54 % der Menschen lassen sich nicht impfen, 8 % erkranken, obwohl sie gegen Grippe geimpft sind. Bestimmen Sie die Wahrscheinlichkeit, mit der eine zufällig ausgewählte Person

a) gesund bleibt und geimpft ist.

b) weder krank noch geimpft ist.

c) geimpft oder gesund ist.

31. Daniela stellt ihrem Freund Hans folgende Aufgabe:

> Das Ereignis A hat die Wahrscheinlichkeit 0,27 und das Ereignis B die Wahrscheinlichkeit 0,38. Kann es sein, dass $P(A \cup B) = 0,42$ gilt? Wenn nein, warum nicht? Wenn ja, dann bestimme $P(A \cap B)$ sowie $P(\overline{A} \cap \overline{B})$.

5 Laplace-Experimente und ihre Wahrscheinlichkeit

Der französische Mathematiker Pierre-Simon de Laplace befasste sich bei seinen Arbeiten zur Wahrscheinlichkeitstheorie vor allem mit solchen Zufallsexperimenten, bei denen jedes Ergebnis die gleiche Wahrscheinlichkeit besitzt, z. B.:

1. Bei einer idealen Münze ist die Wahrscheinlichkeit für Bild und für Zahl jeweils $\frac{1}{2}$.

2. Bei einem idealen Würfel ist für jede Augenzahl die Wahrscheinlichkeit jeweils $\frac{1}{6}$.

3. In einer Urne liegen fünf gleich große, verschiedenfarbige Kugeln, darunter eine rote. Man zieht blind eine Kugel. Da sich die Kugeln in ihrer Form nicht unterscheiden, wird angenommen, dass die Kugeln mit gleicher Wahrscheinlichkeit gezogen werden (**„Laplace-Annahme"**). Jedem der fünf möglichen Ergebnisse wird deshalb die gleiche Wahrscheinlichkeit zugeordnet. Da deren Summe 1 sein muss, wird die rote Kugel mit der Wahrscheinlichkeit $\frac{1}{5} = 0,20$ gezogen.

Man spricht von einer **Laplace-Münze**, einem **Laplace-Würfel** usw., wobei man meistens L-Münze, L-Würfel usw. schreibt.

Definition

Ein Zufallsexperiment heißt **Laplace-Experiment**, wenn jedes Ergebnis des Ergebnisraums $\Omega = \{\omega_1; \omega_2; \dots ; \omega_n\}$ die gleiche Wahrscheinlichkeit besitzt.

- Jedes **Ergebnis** $\omega \in \Omega$ hat die Wahrscheinlichkeit:

  $P(\omega) = \dfrac{1}{n}$

- Jedes **Ereignis** $A \subset \Omega$, das sich aus k Ergebnissen zusammensetzt, hat dann die Wahrscheinlichkeit:

  $P(A) = \dfrac{|A|}{|\Omega|} = \dfrac{k}{n}$

  Man spricht von der **Laplace-Wahrscheinlichkeit**.

Anmerkung: Für $|A|$ sagt man auch „Zahl der für das Ereignis A **günstigen** Fälle", für $|\Omega|$ sagt man auch „Zahl aller **möglichen** Fälle".

Beispiele

1.

Luftverschmutzung in Athen

Wegen der hohen Umweltverschmutzung dürfen in Athen die Autos von den Tagen her oft nur abwechselnd, je nachdem, ob das Nummernschild gerade oder ungerade ist, fahren.

Die Familie Tsinouka hat zwei Autos.

a) Berechnen Sie die Wahrscheinlichkeit, mit der die Tsinoukas an jedem Tag fahren können. (Ereignis A)

b) Untersuchen Sie auch den Fall, dass die Tsinoukas drei Autos haben.

Lösung:

a) Bei der **Wahl des Ergebnisraums** ist Vorsicht geboten! Steht g für gerade und u für ungerade und wählt man für $\Omega = \{2g0u; 1g1u; 0g2u\}$, so ist die **Laplace-Annahme nicht erfüllt**. In einem Haushalt mit zwei Autos kommt das Ergebnis 1g1u doppelt so oft vor wie 2g0u oder 0g2u. Nummeriert man in Gedanken die Autos jedoch durch und wählt $\Omega = \{gg; gu; ug; uu\}$, so ist die **Laplace-Annahme erfüllt**. Unter der Annahme, dass die Vergabe der Autonummern völlig zufällig geschieht, ist dann die Wahrscheinlichkeit, dass für jeden Tag ein passendes Auto zur Verfügung steht:

$P(A) = P(\{gu; ug\}) = \dfrac{2}{4} = 0,5$

b) $\Omega = \{ggg; ggu; gug; ugg; guu; ugu; uug; uuu\}$
Ungünstig für die Tsinoukas sind nur die Ergebnisse ggg und uuu, folglich gibt es sechs günstige Ergebnisse.

$P(A) = \dfrac{6}{8} = 0,75$

2. Ein Holzwürfel mit 3 cm Kantenlänge wird auf allen Seiten grün lackiert und anschließend in gleich große Würfel zersägt (siehe Abb.). Danach werden die entstehenden Würfel in eine Urne gelegt. Fin zieht blind einen Würfel. Berechnen Sie die Wahrscheinlichkeit, dabei einen Würfel mit

a) genau drei grünen Flächen zu ziehen.

b) genau zwei grünen Flächen zu ziehen.

c) höchstens zwei grünen Flächen zu ziehen.

Lösung:

Es entstehen insgesamt 27 Würfel. Die 8 Eckwürfel haben drei grüne Flächen, die 12 Kantenwürfel haben zwei grüne Flächen, die 6 Mittenwürfel haben eine grüne Fläche. Der innerste Würfel hat keine grüne Fläche.

a) P(„drei grüne Flächen") $= \frac{8}{27}$

b) P(„genau zwei grüne Flächen") $= \frac{12}{27} = \frac{4}{9}$

c) P(„höchstens zwei grüne Flächen") $= \frac{1 + 6 + 12}{27} = \frac{19}{27}$

Aufgaben **32.** Kira und Dimitri sind unglücklich über die Noten in ihren Schulaufgaben.

Berechnen Sie die Wahrscheinlichkeit für jede mögliche Note.

33. Ein Kunde darf zweimal mit einem Laplace-Würfel würfeln. Hat er zwei Sechser, erhält er 50 % Rabatt, bei nur einem Sechser erhält er 25 % Rabatt. Ermitteln Sie, wie viele % der Kunden einen Rabatt erhalten.

34. Aus den 26 Buchstaben des Alphabets zieht man drei Buchstaben mit Zurücklegen. Bestimmen Sie die Wahrscheinlichkeit, dass dabei drei gleiche Buchstaben gezogen werden.

35. In einer Schüssel befinden sich 20 Holzkugeln mit den Zahlen 1 bis 20. Jan zieht eine Kugel zufällig heraus.
Berechnen Sie die Wahrscheinlichkeit, dass die Zahl auf der Kugel durch 4 oder durch 5 teilbar ist.

6 Wahrscheinlichkeiten im Baumdiagramm

Auf dem Tisch liegen vier Zettel mit der Schrift nach unten. Ben wählt nacheinander zwei Zettel und legt sie der Reihe nach hin. Er fragt sich, mit welcher Wahrscheinlichkeit er so ein sinnvolles zusammengesetztes Wort erhält (z. B. Kartoffel-Chip oder Kartoffel-Salat).

Mithilfe eines **Baumdiagramms** erhält man nicht nur alle denkbaren Wortkombinationen, sondern auch die zugehörigen Wahrscheinlichkeiten. Dazu schreibt man an jeden Ast des Baumes die Wahrscheinlichkeit für das jeweilige Ergebnis. Dabei ist Folgendes zu beachten:

- Es handelt sich hier um ein **Ziehen ohne Zurücklegen mit Beachtung der Reihenfolge**. In der 1. Stufe gibt es vier Zettel, in der 2. Stufe nur noch drei.
- Den Zettel mit der Aufschrift Kartoffel gibt es zweimal.

Es gelten zudem die **Pfadregeln:**

Definition

Liegt ein mehrstufiges Zufallsexperiment vor, so gilt:

- **1. Pfadregel:** Die Wahrscheinlichkeit eines Ergebnisses ist das Produkt der Wahrscheinlichkeiten auf den Ästen, die zu diesem Ergebnis führen.

- **2. Pfadregel:** Die Wahrscheinlichkeit eines Ereignisses ist die Summe der Wahrscheinlichkeiten derjenigen Ergebnisse, die zu diesem Ereignis gehören.

- Die Summe der Wahrscheinlichkeiten auf den Ästen, die von einem Verzweigungspunkt ausgehen, ist jeweils 1.

Beispiele

1. Betrachten Sie die vier Zettel mit den vier Worten.

   a) Berechnen Sie die Wahrscheinlichkeit dafür, dass Ben das Wort Kartoffel-Chip zieht.

   b) Bestimmen Sie die Wahrscheinlichkeit für ein sinnvoll zusammengesetztes Wort.

Lösung:

Zunächst wird das Ziehen der Zettel im Baumdiagramm dargestellt.

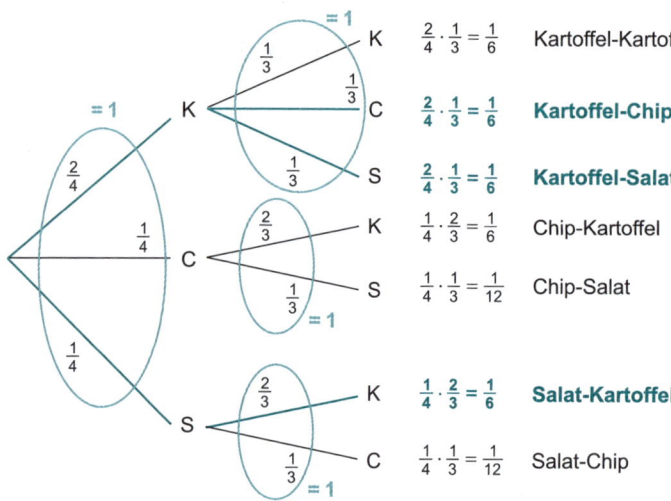

a) Mithilfe der 1. Pfadregel erhält man für das Wort Kartoffel-Chip die Wahrscheinlichkeit:

   $$P(\text{Kartoffel-Chip}) = \frac{2}{4} \cdot \frac{1}{3} = \frac{1}{6}$$

b) Die sinnvollen Wörter sind farbig (siehe Baumdiagramm). Mithilfe der 1. Pfadregel erhält man die einzelnen Wahrscheinlichkeiten für die drei sinnvollen Wörter, mithilfe der 2. Pfadregel also:

   $$P(\text{sinnvolles Wort}) = \frac{1}{6} + \frac{1}{6} + \frac{1}{6} = \frac{1}{2}$$

2. Karsten würfelt mit einem L-Würfel.

   a) Er würfelt dreimal.
      Berechnen Sie die Wahrscheinlichkeit dafür, dass keine 6 dabei ist.

   b) Bestimmen Sie, wie oft Karsten mindestens würfeln muss, um mit einer Wahrscheinlichkeit von mindestens 95 % mindestens eine 6 zu würfeln.

Lösung:

a) Man unterscheidet zweckmäßig nur zwischen 6 und keine 6, also $\overline{6}$.
    Da es nur einen Pfad gibt, der zu „dreimal keine 6" führt, reicht es, ein
    reduziertes Baumdiagramm, also einen Ausschnitt aus dem Baum-
    diagramm zu betrachten:

„keine 6" bedeutet das Würfeln einer 1, 2, 3, 4 oder 5. Günstig sind also 5 Augenzahlen, möglich sind insgesamt 6 $\Rightarrow \frac{5}{6}$

Mithilfe der 1. Pfadregel folgt:

$$P(\text{dreimal } \overline{6}) = \left(\frac{5}{6}\right)^3 = \frac{125}{216} \approx 57,9\,\%$$

b) Es handelt sich um eine sogenannte **Drei-Mindestens-Aufgabe**.
    A definiere das Ereignis „mindestens eine 6 in n Versuchen". Gesucht
    ist die Zahl n der Versuche, sodass gilt:
    P(„mindestens eine 6 in n Versuchen") = P(A) ≥ 0,95

    Allgemein gilt:
    P(mindestens ein …) = 1 − P(kein …)

    Darum ist es viel einfacher, n über das Gegenereignis $\overline{A}$: „keine 6 in n
    Versuchen" zu bestimmen. Es gilt:

$$P(\overline{A}) = \left(\frac{5}{6}\right)^n \quad \text{und} \quad P(A) = 1 - P(\overline{A}) \geq 0,95$$

    Löst man diese Ungleichung nach n auf, ergibt sich:

$$1 - \left(\frac{5}{6}\right)^n \geq 0,95$$

Gleichung nach $\left(\frac{5}{6}\right)^n$ umstellen

$$\left(\frac{5}{6}\right)^n \leq 0,05$$

Um nach der Hochzahl n aufzu-
lösen, müssen beide Seiten loga-
rithmiert werden, entweder mit lg
oder mit ln. Zusätzlich muss das
Logarithmengesetz lg u^v = v · lg u
anwendet werden.

$$\lg\left(\frac{5}{6}\right)^n \leq \lg 0,05$$

$$n \cdot \lg\left(\frac{5}{6}\right) \leq \lg 0,05$$

$$n \geq \frac{\lg 0,05}{\lg \frac{5}{6}}$$

Das Ungleichheitszeichen dreht
sich um, da $\lg \frac{5}{6} < 0$.

$$n \geq 16,4$$

Karsten muss mindestens 17-mal würfeln, damit er mit einer Wahrscheinlichkeit von mindestens 95 % mindestens eine 6 erhält.

Beachten Sie: Man muss auf die **nächstgrößere natürliche Zahl** auf-
runden.

Aufgaben **36.** Britta lässt durch einen Münzwurf entscheiden, aus welcher der beiden Gefäße eine Kugel gezogen wird. Zieht sie dann eine farbige Kugel, so erhält sie einen Gewinn.

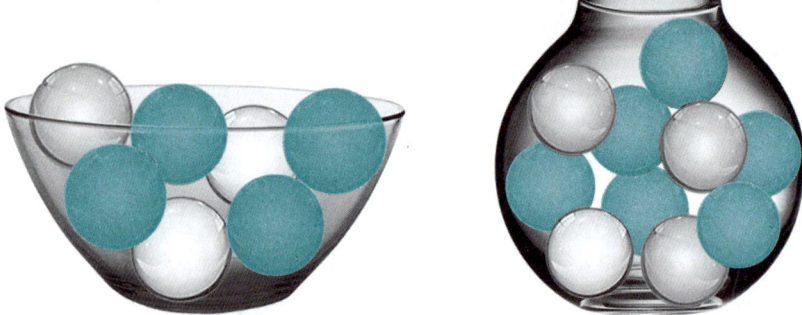

a) Veranschaulichen Sie die Situation im Baumdiagramm und berechnen Sie Brittas Gewinnwahrscheinlichkeit.

b) Evelyn entnimmt den beiden Gefäßen alle Kugeln und verteilt diese 17 Kugeln anschließend neu auf die Gefäße. Brittas Gewinnwahrscheinlichkeit soll mehr als 75 % betragen.
Wie könnte Evelyn die Kugeln verteilen?

37. Ein Junggeselle spricht mit 65 %iger Wahrscheinlichkeit auf der Straße eine ledige Frau an. Die restlichen sind schon vergeben, sind also für den Junggesellen „Nieten".
Wie viele Frauen muss er mindestens ansprechen, um mit einer Wahrscheinlichkeit von mehr als 99 % mindestens eine ledige Frau anzusprechen?

38. In ihrer Freizeit spielen Alexander und Hannes öfter Uno. Alexander gewinnt ein Spiel erfahrungsgemäß mit einer Wahrscheinlichkeit von 60 %. Unentschieden gibt es nicht. Sie spielen nach folgenden Regeln:

Gesamtsieger eines Spielenachmittags ist,

wer zwei Spiele hintereinander gewinnt **oder** wer insgesamt drei Spiele gewinnt.

Ermitteln Sie, mit welcher Wahrscheinlichkeit Hannes Sieger wird.

39. Zwei Schüler des Laplace-Gymnasiums entscheiden täglich mithilfe eines Würfels (siehe Skizze), ob sie
A: „Alle Schulstunden des Tages besuchen."
T: „Nur einen Teil des Tages zur Schule gehen."
H: „Ganz zu Hause bleiben."

Jeder der beiden würfelt am Morgen und verhält sich entsprechend des oben liegenden Buchstabens. Berechnen Sie die Wahrscheinlichkeit von:
U: „Beide Schüler verhalten sich unterschiedlich."
M: „Mindestens einer besucht alle Stunden des Tages."

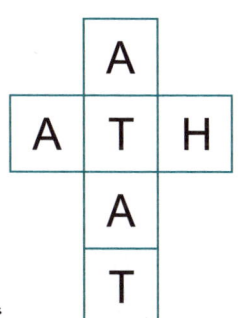

40. In einem Schrank liegen 12 graue und 8 grüne einzelne Socken.

a) Erläutern Sie, wie viele Socken Herr Wendland mindestens ziehen muss, damit er mit Sicherheit ein von der Farbe her passendes Paar erhält.

b) Erklären Sie, wie viele Socken Herr Wendland mindestens ziehen muss, damit er mit Sicherheit ein grünes Paar erhält.

c) Herr Wendland zieht höchstens drei Socken. Bestimmen Sie die Wahrscheinlichkeit dafür, dass er ein grünes Paar erhält.

41. Lisa hat für ihre Freunde ein Frage-Antwort-Spiel kreiert.

Alle Karten werden gut gemischt und verdeckt in einen Kasten gelegt. Olivia und Claus stellen sich gegenseitig Fragen. Der Fragesteller zieht jeweils zufällig eine Karte aus dem Kasten. Jede gezogene Karte wird anschließend wieder in den Kasten gelegt und es wird neu gemischt.

a) Jeder zieht einmal. Berechnen Sie die Wahrscheinlichkeit dafür, dass sie sich gegenseitig dieselbe Frage stellen.

b) Olivia zieht 4-mal. Mit welcher Wahrscheinlichkeit ist mindestens eine Geschichtskarte dabei?

c) Bestimmen Sie, wie oft Claus ziehen müsste, um mit Sicherheit mindestens eine Geschichtskarte zu erhalten.

d) Wie ändert sich die Wahrscheinlichkeit aus Teilaufgabe b, wenn gezogene Karten nicht in den Kasten zurückgelegt werden?

42. Ein Lehrer isst seit 40 Wochen jeden Freitag in der Kantine des Landratsamtes ein Fischgericht. In seinem Freundeskreis gibt es bereits Stimmen, die ihn vor einer möglichen Fischvergiftung warnen. Angeblich seien 0,3 % aller Fischgerichte verdorben.

a) Mit welcher Wahrscheinlichkeit hätte sich dieser Lehrer unter diesen Voraussetzungen bereits mindestens einmal den Magen verderben müssen?

b) Ermitteln Sie, wie viele Wochen er mindestens das Fischgericht essen müsste, damit er sich mit einer Wahrscheinlichkeit von mindestens 90 % mindestens einmal den Magen verdirbt.

c) Anlässlich des 25-jährigen Jubiläums der Kantine hat sie sich eine besondere Aktion ausgedacht. Wer die Fragen zuerst richtig beantwortet, bekommt ein Gericht umsonst.

Beantworten Sie die Fragen.

43. Dimitros weiß mit einer Wahrscheinlichkeit von 64 % die Antwort auf eine Frage, Eleni nur mit einer Wahrscheinlichkeit von 37 %.

a) Berechnen Sie die Wahrscheinlichkeit dafür, dass Dimitros alle 5 an ihn gestellten Fragen richtig beantwortet.

b) Wie viele Fragen müssen an Eleni gestellt werden, damit sie mit einer Wahrscheinlichkeit von mehr als 95 % mindestens eine Frage richtig beantwortet?

44. Sam ist ein Sonntagskind. Setzen Sie voraus, dass die Geburten über die Wochentage gleich verteilt sind.

a) Er kommt als 25. Kind neu in eine Klasse. Berechnen Sie die Wahrscheinlichkeit dafür, dass er auf mindestens ein weiteres Sonntagskind trifft.

b) Ermitteln Sie die Anzahl der Kinder, die mindestens in der Klasse sein müssten, sodass Sam mit einer Wahrscheinlichkeit von mindestens 88,5 % auf mindestens ein weiteres Sonntagskind trifft.

Kombinatorische Hilfsmittel

1 Allgemeines Zählprinzip

Schon von klein auf beschäftigt man sich beim Spielen indirekt mit dem allgemeinen Zählprinzip. Die dreijährige Heidi z. B. hat einen schwarzen, einen weißen und einen grauen Würfel und möchte aus diesen drei Würfeln immer unterschiedliche Türme bauen. Wie viele Möglichkeiten hat sie? Betrachtet man dazu das zugehörige Baumdiagramm,

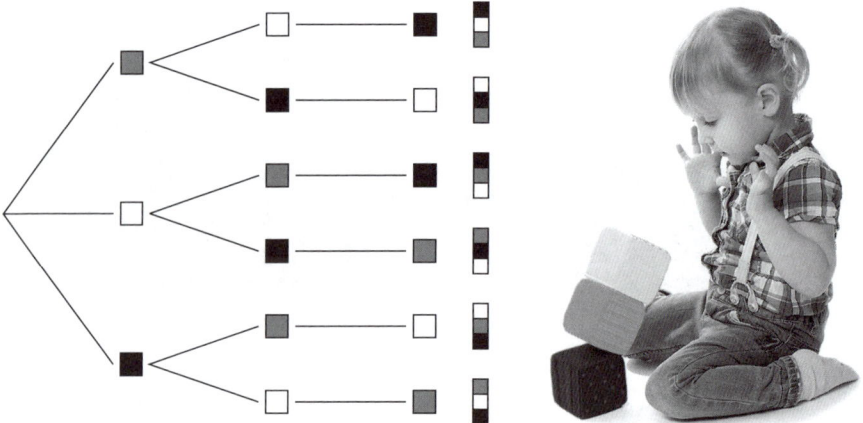

sieht man schnell, dass Heidi für die unterste Lage 3 Würfel zur Auswahl hat, für die mittlere Lage jeweils noch 2 Würfel und für die oberste Lage nur noch 1 Würfel. Insgesamt gibt es also $3 \cdot 2 \cdot 1 = 6$ Möglichkeiten, also sechs verschiedene Türme.

Jeder Turm ergibt sich durch Vertauschen der drei verschiedenen Holzwürfel. Man sagt, es gibt 6 verschiedene **Permutationen** der drei Würfel (lat. permutare = vertauschen). Hätte Heidi statt 3 z. B. 7 verschiedenfarbige Holzwürfel, so wäre das Baumdiagramm wenig hilfreich, da die Zahl der Äste sehr groß wird und der Aufwand, es zu zeichnen, immens ist. Die gleiche Überlegung wie oben liefert aber: Es können $7 \cdot 6 \cdot 5 \cdot 4 \cdot 3 \cdot 2 \cdot 1 = 5040$ verschiedene Türme gebaut werden.

Für das Produkt $7 \cdot 6 \cdot 5 \cdot 4 \cdot 3 \cdot 2 \cdot 1$ schreibt man kurz **7!** und spricht: **„7 Fakultät"** Der Taschenrechner hat dafür die Tastenfolge: $\boxed{5}$ $\boxed{\text{shift}}$ $\boxed{\text{x!}}$

Definition

- Stehen bei einem n-stufigen Zufallsexperiment für die i-te Stufe k_i Möglichkeiten zur Verfügung, dann gibt es $k_1 \cdot k_2 \cdot \ldots \cdot k_n$ **verschiedene Ergebnisse**. Man spricht vom **allgemeinen Zählprinzip**.
- **n! (n Fakultät)** ist das Produkt aller natürlichen Zahlen von 1 bis n, allgemein:
  $n! = n \cdot (n-1) \cdot (n-2) \cdot (n-3) \ldots \cdot 2 \cdot 1, \quad n \in \mathbb{N}_0$
  Man definiert $1! = 1$ sowie $0! = 1$.

Beispiele

1. Herr Mayer geht in ein Speiselokal und wählt ein Menü, das er aus 5 Vorspeisen, 8 Hauptspeisen, 6 Beilagen und 3 Nachspeisen zusammenstellen kann.

   a) Bestimmen Sie, wie viele verschiedene Menüs Herr Mayer zur Auswahl hat, wenn er eine Vorspeise, eine Hauptspeise, eine Beilage und eine Nachspeise möchte.

   b) Bestimmen Sie, wie viele Menüs er zur Auswahl hat, wenn er 2 verschiedene Beilagen statt nur einer möchte.

   Lösung:

   a) Die Menüwahl kann man sich als vierstufiges Zufallsexperiment vorstellen. In der 1. Stufe wählt Herr Mayer aus den **5** Vorspeisen, in der 2. Stufe aus den **8** Hauptspeisen, in der 3. Stufe aus den **6** Beilagen und in der 4. Stufe aus den **3** Nachspeisen.
   Herr Mayer hat also $5 \cdot 8 \cdot 6 \cdot 3 = 720$ Menüs zur Auswahl.

   b) Das vierstufige Zufallsexperiment aus Teilaufgabe a wird zu einem fünfstufigen Zufallsexperiment erweitert. Für die erste Beilage (Stufe 3) kann Herr Mayer aus **6** Beilagen wählen, für die zweite Beilage (neue Stufe 4) noch aus **5** Beilagen.
   Herr Mayer hat also $5 \cdot 8 \cdot 6 \cdot 5 \cdot 3 = 3\,600$ Menüs zur Auswahl.

2. Ermitteln Sie, wie viele verschiedene 5-stellige gerade Zahlen es gibt, bei denen die Zehner- und die Hunderterstelle gleich sind.

   Lösung:

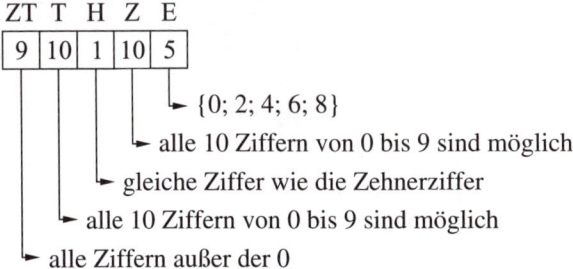

ZT	T	H	Z	E
9	10	1	10	5

   ↳ {0; 2; 4; 6; 8}

   ↳ alle 10 Ziffern von 0 bis 9 sind möglich

   ↳ gleiche Ziffer wie die Zehnerziffer

   ↳ alle 10 Ziffern von 0 bis 9 sind möglich

   ↳ alle Ziffern außer der 0

   Es gibt $9 \cdot 10 \cdot 1 \cdot 10 \cdot 5 = 4\,500$ solche Zahlen.

Aufgaben 45. Bei der Blindenschrift kann jeder der 6 Punkte in einem Rechteck geprägt oder nicht geprägt werden.
Ermitteln Sie, wie viele verschiedene Zeichen auf diese Art dargestellt werden können.

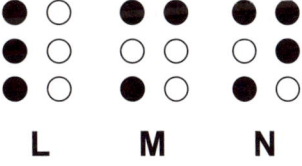

L　　**M**　　**N**

46. 10 Freunde wollen einen BluRay-
Abend machen. Dazu nehmen sie
alle nebeneinander auf dem Sofa
Platz. Sofia sitzt auf dem 5. Platz
von links. Xaver und Lisa wollen
höchstens zwei Plätze von Sofia
entfernt sitzen, die übrigen Freunde nehmen die restlichen Plätze
auf dem Sofa ein.
Ermitteln Sie die Zahl der möglichen Sitzanordnungen.

47. Ein Händler bietet unterschiedliche Ausstattungsvarianten für einen Computer an: Der Kunde hat die Wahl zwischen vier Prozessoren, Festplatten mit
500 GB, 1000 GB oder 2000 GB, Computer mit oder ohne BluRay-Brenner
und unterschiedlichen Grafikkarten.
Ermitteln Sie die Zahl der angebotenen Grafikkarten, wenn der Kunde aus
144 Computervarianten wählen kann.

48. Peter erinnert sich, dass die Zahl,
mit der sich das Schloss öffnen
lässt, gerade ist, die Zehnerziffer
und die Hunderterziffer gleich sind
und die Zahl größer als 7000 ist.
Bestimmen Sie, wie viele Zahlen er
im ungünstigsten Fall ausprobieren
muss, um das Schloss zu öffnen.
Wie viele muss er nicht ausprobieren?

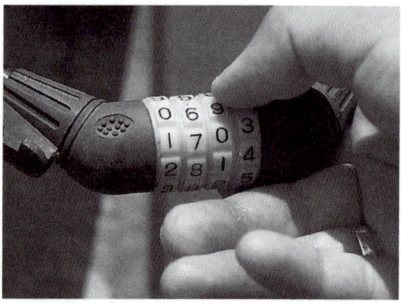

49. Auf Tims Nachttisch liegen 5 Romane, 4 Sachbücher und 3 Gedichtbände. Er
stellt sie willkürlich nebeneinander auf.
Berechnen Sie, mit welcher Wahrscheinlichkeit jeweils alle Bücher der gleichen Literaturgattung nebeneinanderstehen.

50. Vier Damen und vier Herren gehen nacheinander durch eine Drehtüre.
Bestimmen Sie, auf wie viele Arten dies möglich ist, wenn das Geschlecht
sich immer ändern muss.

2 Besondere Abzählvorgänge

Auf wie viele Arten lassen sich aus n unterscheidbaren Elementen k Elemente auswählen? Um diese Frage beantworten zu können, muss man unterscheiden:

- Spielt die **Reihenfolge** eine Rolle, in der die k Elemente ausgewählt werden, oder nicht?
- Kann jedes Element öfter ausgewählt werden oder nur einmal, liegt ein Zufallsexperiment mit oder ohne **Zurücklegen** vor?

Die Antwort fällt je nach Auswahlverfahren unterschiedlich aus.

2.1 Anzahl der k-Tupel aus einer Menge mit n Elementen (mit Reihenfolge und mit Wiederholung)

Man stelle sich folgendes Urnenexperiment vor:
In einer Urne liegen n Kugeln, die mit n verschiedenen Buchstaben beschriftet sind. Es wird eine Kugel gezogen, der Buchstabe notiert und die Kugel wieder zurückgelegt. Dies führt man k-mal nacheinander durch.

Definition
> - Ein k-Tupel, bei dem für jede der k Stellen alle n Elemente einer Menge zur Verfügung stehen, nennt man **k-Tupel aus einer n-Menge**.
> - Die Anzahl dieser k-Tupel mit Wiederholung ist n^k.
> - k kann kleiner, größer oder gleich n sein.

Beispiel
Beim Fußball-Toto muss für jedes der 13 Spiele genau eine der Ziffern 0 (unentschieden), 1 (Heimmannschaft gewinnt) oder 2 (Heimmannschaft verliert) angekreuzt werden.

Spiel 1	Spiel 2	Spiel 3	Spiel 4	Spiel 5	Spiel 6	Spiel 7
1 0 2	1 0 2	1 0 2	1 0 2	1 0 2	1 0 2	1 0 2

Spiel 8	Spiel 9	Spiel 10	Spiel 11	Spiel 12	Spiel 13	
1 0 2	1 0 2	1 0 2	1 0 2	1 0 2	1 0 2	

Bestimmen Sie, wie viele Möglichkeiten es für das Ausfüllen eines Tippzettels gibt.

Lösung:
Es handelt sich hier um ein 13-stufiges Zufallsexperiment mit jeweils drei Verzweigungen. Man kann auch sagen: Ein Toto-Tipp besteht aus einem 13-Tupel, bei dem jede der 13 Stellen mit einem Element der aus drei Elementen bestehenden Menge {0; 1; 2} besetzt wird.
Es gibt also $3^{13} = 1\,594\,323$ mögliche Tippreihen.

Aufgaben **51.** Entscheiden Sie, ob man mit den Buchstaben E, L, V, I, R, A mehr als 1 000 verschiedene „Wörter" mit vier Buchstaben bilden kann, wenn jeder Buchstabe auch öfter vorkommen darf.

52. Aus den Ziffern 1, 3, 5, 6 und 9 werden dreistellige Zahlen gebildet, in denen jede Ziffer auch öfter vorkommen darf.
Berechnen Sie die Wahrscheinlichkeit dafür, dass die Zahl

a) durch 5 teilbar ist.

b) kleiner als 600 ist.

c) kleiner als 519 ist.

53. Christoph baut eine quadratische Schaltung aus 9 Lampen, wobei für jede Lampe die Farben rot, grün, blau und weiß zur Verfügung stehen.

a) Für die Herstellung einer Schaltung benötigt er 7 Minuten. Wie viele Jahre müsste er arbeiten, um jede Farbkombination zu bauen?

b) Mit welcher Wahrscheinlichkeit leuchten die vier Ecklampen in der gleichen Farbe?

2.2 Anzahl der k-Tupel aus einer Menge mit n Elementen (mit Reihenfolge und ohne Wiederholung)

Man stelle sich folgendes Urnenexperiment vor:
In einer Urne liegen n Kugeln, die mit n verschiedenen Buchstaben beschriftet sind. Es wird eine Kugel gezogen, der Buchstabe notiert und die Kugel nicht wieder zurückgelegt. Dies führt man k-mal nacheinander durch.

Definition
- Ein k-Tupel aus einer n-Menge, bei dem sich keine der k Stellen wiederholt, nennt man **k-Permutation**.
- Die Anzahl der k-Tupel ohne Wiederholung ist $\frac{n!}{(n-k)!}$.
- k kann höchstens gleich n sein.

Der Taschenrechner liefert diesen Wert mit der Tastenfolge: [n] [shift] [nPr] [k] [=]

Beispiel

Beim Skirennen starten 15 Läufer. Bestimmen Sie, auf wie viele Arten die drei Medaillen Gold, Silber und Bronze vergeben werden können.

Lösung:

Aus der Menge der 15 Läufer (n = 15) werden 3 für die Plätze Gold, Silber und Bronze bestimmt (k = 3). Die Reihenfolge spielt also eine Rolle.

$$\frac{15!}{(15-3)!} = \frac{15!}{12!} = 2\,730$$

Bemerkung: Man kann auch das allgemeine Zählprinzip anwenden. Die Goldmedaille kann an einen der 15 Läufer vergeben werden, die Silbermedaille geht an einen der restlichen 14 Läufer und die Bronzemedaille an einen der 13 übrigen Skirennläufer $\Rightarrow 15 \cdot 14 \cdot 13 = 2\,730$.

Aufgaben

54. a) Carla behauptet, dass man mit den Buchstaben E, U, K, L, I, D mehr als 500 verschiedene „Wörter" mit 4 Buchstaben bilden kann, wenn jeder Buchstabe höchstens einmal vorkommen darf. Hat sie recht?

b) Entscheiden Sie, ob man mit den Buchstaben E, L, V, I, R, A mehr als 500 verschiedene „Wörter" mit 6 Buchstaben bilden kann, wenn jeder Buchstabe höchstens einmal vorkommen darf.

55. Auf einem Parkplatz mit 20 Stellplätzen (in einer Reihe) stehen 12 Autos, von denen 5 blau sind. Berechnen Sie die Zahl der möglichen Aufstellungen,

a) wenn die Aufstellung beliebig erfolgt.

b) wenn die blauen Autos nebeneinanderstehen sollen.

56. Beim Schulzirkus bilden zum Abschluss sechs Artisten eine Menschenpyramide. Dabei hält jeder in seiner freien Hand einen von sechs verschiedenfarbigen Bällen (silber, gold, rot, gelb, blau, grün).

a) Ermitteln Sie die Zahl aller unterschiedlichen Pyramiden, wenn keine Bedingung erfüllt sein muss.

b) Wie viele Möglichkeiten weniger als bei Teilaufgabe a gibt es, wenn die drei schwersten Artisten am Boden stehen sollen und der oberste Artist den silbernen und den goldenen Ball trägt?

2.3 Anzahl der k-Mengen aus einer Menge mit n Elementen (ohne Reihenfolge und ohne Wiederholung)

Man stelle sich folgendes Urnenexperiment vor:
In einer Urne liegen n Kugeln, die mit n verschiedenen Buchstaben beschriftet sind. Es werden gleichzeitig (man sagt auch: „mit einem Griff") k Kugeln gezogen.

Definition

- Wählt man **k** Elemente **aus** einer Menge von **n** Elementen ohne Berücksichtigung der Reihenfolge und ohne Wiederholung, so erhält man eine k-Menge aus einer n-Menge.
- Die Anzahl der k-Mengen aus einer n-Menge ist $\frac{n!}{k! \cdot (n-k)!}$.
- Für diesen Term schreibt man abkürzend $\binom{n}{k}$ und spricht „k aus n". Er heißt auch **Binomialkoeffizient**.
- k kann höchstens gleich n sein.

Der Taschenrechner liefert diesen Wert mit der Tastenfolge: $\boxed{n}$ $\boxed{\text{shift}}$ $\boxed{\text{nCr}}$ $\boxed{k}$ $\boxed{=}$
Achtung: Im Gegensatz zur Sprechweise „k aus n" muss zuerst n eingegeben werden! Darum sagt man statt **„k aus n"** auch oft **„n über k"**.

Beispiele

1. In einem Supermarkt gibt es 25 verschiedene Obstsorten. Karl möchte für einen Obstsalat 7 verschiedene Sorten kaufen.
   Bestimmen Sie, wie viele unterschiedliche Obstsalate er zubereiten könnte.

   Lösung:
   Karl wählt **k = 7** aus **n = 25** Obstsorten aus, womit für die Zahl der unterschiedlichen Obstsalate folgt:

   $$\binom{25}{7} = \frac{25!}{7! \cdot (25-7)!} = 480\,700$$

   Bemerkung: Nach Unterkapitel 2.2 gibt es $\frac{25!}{(25-7)!}$ mögliche 7-Tupel.
   Bei der Zubereitung des Obstsalats kommt es aber nicht auf die Reihenfolge der gekauften Sorten an. Die sieben gewählten Obstsorten lassen sich auf 7! Arten anordnen, alle diese Permutationen liefern unabhängig von der Reihenfolge den gleichen Salat. Deshalb muss man die Anzahl der 7-Tupel durch 7! dividieren.

2. Berechnen Sie die Wahrscheinlichkeit dafür, dass Felix bei der nächsten Lottoziehung „6 aus 49" mit einer Tippreihe einen Sechser hat.

Lösung:

Die Kugeln werden zwar nacheinander gezogen, aber anschließend der Größe nach geordnet. Die Reihenfolge spielt also keine Rolle, denn man könnte die **6 Kugeln** auch „mit einem einzigen Griff" **aus** der Trommel mit **49 Kugeln** ziehen. Die Spannung wäre dann jedoch nicht so groß. Da jedes Ziehungsergebnis gleich wahrscheinlich ist, kann die gesuchte Wahrscheinlichkeit für einen Sechser mit Laplace berechnet werden.

Es gibt $\binom{49}{6}$ mögliche Ziehungsergebnisse, wovon nur ein einziges richtig ist.

$$P(\text{Lottosechser}) = \frac{1}{\binom{49}{6}} = \frac{1}{13\,983\,816}$$

Die Wahrscheinlichkeit ist also ungefähr $1 : 14$ Millionen.

Beim **Urnenmodell des Ziehens ohne Zurücklegen** nutzt man auch den Binomialkoeffizienten.

Definition

> Aus einer Urne mit N Kugeln, von denen K eine bestimmte Eigenschaft besitzen, werden n Kugeln ohne Zurücklegen gezogen.
>
> **P(genau k Kugeln mit bestimmter Eigenschaft)** $= \dfrac{\binom{K}{k} \cdot \binom{N-K}{n-k}}{\binom{N}{n}}$

Beispiel

In einer Fußballmannschaft sind 4 von 13 eingesetzten Spielern gedopt, nach dem Spiel werden zufällig drei Spieler einer Dopingprobe unterzogen. Berechnen Sie die Wahrscheinlichkeit dafür, genau zwei Dopingsünder zu erwischen.

Lösung:

Von den **N = 13** Spielern weisen **K = 4** Spieler die Eigenschaft „gedopt" auf. Es werden **n = 3** Spieler ausgewählt. Gefragt wird danach, **k = 2** Dopingsünder zu erwischen.

$$P(\text{genau 2 Dopingsünder}) = \frac{\binom{4}{2} \cdot \binom{13-4}{3-2}}{\binom{13}{3}} = \frac{\binom{4}{2} \cdot \binom{9}{1}}{\binom{13}{3}} \approx 18,88\,\%$$

Beim Einsetzen in die Formel gibt es eine Kontrollmöglichkeit, denn:

$K + (N - K) = N$ (jeweils 1. Zeile im Binomialkoeffizienten im Zähler sowie Nenner)

$k + (n - k) = n$ (jeweils 2. Zeile im Binomialkoeffizienten im Zähler sowie Nenner)

Aufgaben **57.** Der Lehrer teilt eine Schulaufgabe aus. Von 28 Schülern bearbeiten 14 die Gruppe A, 14 die Gruppe B. Die Gruppenverteilung erfolgt zufällig. Berechnen Sie die Wahrscheinlichkeit dafür, dass alle Schüler aus der ersten Hälfte der alphabetisch geordneten und nummerierten Klassenliste die Gruppe A bearbeiten müssen.

58. Berechnen Sie die Wahrscheinlichkeit dafür, beim Lotto „6 aus 49" mit einer Tippreihe genau vier Richtige anzukreuzen.

59. Ein Sprachstudio hat drei Kurse eingerichtet. Zwölf neue Kunden kommen hinzu, darunter ein Ehepaar. Sie werden rein zufällig auf die drei Kurse verteilt, aber so, dass in Kurs A vier Personen, in B drei und in C fünf Personen dazustoßen.

a) Das Ehepaar soll im gleichen Kurs sein. Zugrunde liegt das Urnenmodell des Ziehens ohne Zurücklegen.
   Bestimmen Sie für jeden Kurs die Parameter N, K, n und k.

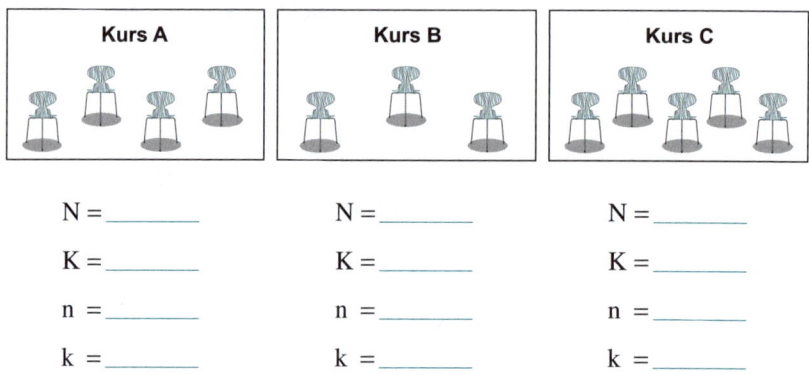

Kurs A	Kurs B	Kurs C
N = _____	N = _____	N = _____
K = _____	K = _____	K = _____
n = _____	n = _____	n = _____
k = _____	k = _____	k = _____

b) Berechnen Sie die Wahrscheinlichkeit dafür, dass das Ehepaar im Kurs A ist.

c) Berechnen Sie die Wahrscheinlichkeit dafür, dass das Ehepaar im gleichen Kurs ist.

60. Für das Vorexamen hätte sich Hannes auf 80 Themengebiete vorbereiten müssen, aber gemäß dem Motto „Mut zur Lücke" hat Hannes nur 50 Themen vorbereitet. Für die Prüfung werden 3 der 80 Themen ausgelost.
Berechnen Sie die Wahrscheinlichkeit dafür, dass mindestens 2 der von Hannes vorbereiteten Themen dabei sind.

2.4 Zusammenfassung und vermischte Aufgaben

Stellt man alle Auswahlverfahren gegenüber, so ergibt sich folgende Tabelle:

	mit Reihenfolge (Tupel)	ohne Reihenfolge (Mengen)
mit Wiederholung $k \in \mathbb{N}_0$	n^k Beispiel: Totoschein	(kein Abiturstoff)
ohne Wiederholung $k \le n$	$\dfrac{n!}{(n-k)!}$ Beispiel: Zieleinlauf	$\dbinom{n}{k}$ Beispiel: Lotto 6 aus 49

Bemerkung: Der Fall „mit Wiederholung, ohne Reihenfolge" wird im bayerischen Lehrplan nicht mehr behandelt.

Aufgaben

61. In einer Schachtel liegen 26 Plättchen, die mit den 21 Konsonanten und 5 Vokalen des Alphabets beschriftet sind. Man zieht gleichzeitig sechs Buchstaben und bildet damit anschließend ein „Wort".
Berechnen Sie die Wahrscheinlichkeit dafür, dass das Wort

a) genau zwei Vokale hat.

b) das Z enthält.

c) A, Z und X enthält.

d) mit A beginnt und auf Z endet.

e) mit A beginnt und das Z enthält.

62. Aus den Ziffern 0, 2, 3, 5 und 8 werden vierstellige Zahlen gebildet, in denen jede Ziffer höchstens einmal vorkommen darf.
Berechnen Sie die Wahrscheinlichkeit dafür, dass eine solche Zahl

a) gerade ist.

b) durch 5 teilbar ist.

c) gerade oder durch 5 teilbar ist.

d) weder gerade noch durch 5 teilbar ist.

63. Eine Klasse hat am Montag 2 Stunden Sport, 2 Stunden Mathematik, je 1 Stunde Kunst und Biologie.

Stundenplan Name: Klasse:					
🕐	**Montag**	**Dienstag**	**Mittwoch**	**Donnerstag**	**Freitag**
8:00 – 8:45	?	Mathe	Deutsch	Englisch	Geschichte
8:45 – 9:30	?	Deutsch	Religion	Englisch	Mathe
9:40 – 10:25	?	Deutsch	Mathe	Deutsch	Erdkunde
10:45 – 11:30	?	Erdkunde	Biologie	Deutsch	Musik
11:30 – 12:15	?	Musik		Sozialkunde	Englisch
12:15 – 13:00	?	Geschichte		Englisch	Religion
14:00 – 14:45		Chor			

Bestimmen Sie die Anzahl der Verteilungen, die es auf die sechs Vormittagsstunden am Montag gibt, wenn

a) keine Bedingung gestellt wird.

b) Sport als Doppelstunde unterrichtet wird.

c) Sport in den ersten zwei oder in den letzten zwei Stunden stattfindet.

d) Sport und Mathematik als Doppelstunde gegeben wird.

64. Bei einer Slalommeisterschaft wird die Reihenfolge der Läufer ausgelost. Der Verein A stellt 5 Teilnehmer, von Verein B starten 7 und von Verein C die restlichen 9 Läufer.
Berechnen Sie die Wahrscheinlichkeit dafür, dass die ersten drei Läufer vom gleichen Verein sind.

65. Von 25 Schülern einer Klasse haben vier ihre Hausaufgabe nicht gemacht. Der Lehrer sammelt willkürlich von fünf Schülern die Hefte ein.
Berechnen Sie die Wahrscheinlichkeit, dass höchstens drei Faulenzer ertappt werden.

66. In einer Kiste befinden sich 100 Glühlampen, davon sind 12 defekt. Es werden 5 Glühbirnen gleichzeitig entnommen.
Ermitteln Sie die Wahrscheinlichkeit, höchstens zwei defekte Glühbirnen zu erhalten.

Bedingte Wahrscheinlichkeit und stochastische Unabhängigkeit

1 Bedingte Wahrscheinlichkeit und Vierfeldertafel

In Aufgabe 20 ging es um Schüler, die
zum Teil in einem Sportverein (kurz: S)
sind und/oder ein Musikinstrument
(kurz: M) spielen. Es ergab sich folgende
Vierfeldertafel:

	S	$\bar{S}$	
M	40	200	240
$\bar{M}$	110	50	160
	150	250	400

Frage: Mit welcher Wahrscheinlichkeit spielt **ein Schüler, der im Sportverein ist,** auch ein Instrument?

Betrachtet man diese Frage genauer, stellt man schnell fest, dass man nur an den 150 Sportlern interessiert ist und nicht an der Gesamtheit aller 400 Schüler. Aus der Vierfeldertafel kann man ablesen, dass von diesen 150 Schülern 40 auch ein Instrument spielen.

Die zugehörige Wahrscheinlichkeit ist also $\frac{40}{150} \approx 26,67\,\%$.

Antwort: **Wenn** ein Schüler im Sportverein ist, dann spielt er mit einer Wahrscheinlichkeit von 26,67 % ein Musikinstrument.

Wie kann die Wahrscheinlichkeit $\frac{40}{150}$ als Formel geschrieben werden? Teilt man Zähler und Nenner des Bruches jeweils durch die Anzahl aller 400 Schüler, so erhält man $\frac{\frac{40}{400}}{\frac{150}{400}}$. Im Zähler steht dann die Wahrscheinlichkeit $P(M \cap S)$ und im Nenner die Wahrscheinlichkeit $P(S)$. Der Quotient $\frac{P(M \cap S)}{P(S)}$ gibt also die Wahrscheinlichkeit dafür an, dass ein Schüler ein Musikinstrument spielt, wenn er in einem Sportverein ist. Statt „wenn" kann man auch **„unter der Bedingung, dass"** sagen. Für diese Wahrscheinlichkeit schreibt man $\mathbf{P_S(M)}$.

Definition

Sind zwei Ereignisse A und B (mit $P(B) \neq 0$) gegeben, dann heißt

$$P_B(A) = \frac{P(A \cap B)}{P(B)}$$

bedingte Wahrscheinlichkeit für das Ereignis A unter der Bedingung, dass B eingetreten ist.

Bemerkung: Bedingte Wahrscheinlichkeiten können in der Vierfeldertafel nicht direkt als Zahl eingetragen werden. Es ist immer eine Rechnung erforderlich.

Eine Fernsehredaktion will wissen, wie bekannt ihre neue Sendung „Wissenschaft für alle" ist, und hat deshalb eine Umfrage durchgeführt. 45 % der Befragten waren männlich, 15 % der befragten Personen gaben an, dass sie die Sendung kennen. Unter denjenigen, welche die Sendung kannten, waren 40 % männlich.

a) Erstellen Sie die zugehörige Vierfeldertafel.

b) Eine befragte Person ist männlich. Ermitteln Sie, mit welcher Wahrscheinlichkeit sie die Sendung kannte.

c) Berechnen Sie die Wahrscheinlichkeit dafür, dass eine weibliche Person die Sendung kannte. Vergleichen Sie den Wert mit dem Ergebnis aus b.

d) Bestimmen Sie die Wahrscheinlichkeit dafür, dass eine Person, die die Sendung nicht kannte, eine Frau ist.

Lösung:

a) Abkürzend wird S für „Befragter kennt die Sendung" und M für „Befragter ist männlich" verwendet. Gegeben sind dann:

$P(M) = 0{,}45$ 45 % der Befragten sind männlich.

$P(S) = 0{,}15$ 15 % … gaben an, die Sendung zu kennen.

$P_S(M) = 0{,}40$ Unter denjenigen, welche die Sendung kannten, waren 40 % männlich. Die Bedingung ist „Befragter kennt die Sendung".

Aus den Angaben und der Formel für die bedingte Wahrscheinlichkeit lassen sich alle nötigen Wahrscheinlichkeiten berechnen, um eine Vierfeldertafel zu erstellen. Löst man die Formel

$$P_S(M) = \frac{P(M \cap S)}{P(S)}$$

nach $P(M \cap S)$ auf, so erhält man:

$$P(M \cap S) = P_S(M) \cdot P(S) = 0{,}40 \cdot 0{,}15 = 0{,}06$$

Nun kann die Vierfeldertafel vollständig ausgefüllt werden:

	S	$\overline{\text{S}}$	
M	**0,06**	0,39	**0,45**
$\overline{\text{M}}$	0,09	0,46	0,55
	0,15	0,85	**1**

Die farbig gedruckten Zahlen sind (indirekt) gegeben.

b) Gefragt ist nach der Wahrscheinlichkeit, dass ein männlicher Befragter die Sendung kannte. Es ist also eine bedingte Wahrscheinlichkeit gesucht. Die Bedingung ist hier „befragte Person ist männlich", gesucht ist $P_M(S)$.

$$P_M(S) = \frac{P(S \cap M)}{P(M)} = \frac{P(M \cap S)}{P(M)} = \frac{0{,}06}{0{,}45} \approx 13{,}33 \%$$

c) Die Fragestellung drückt im Prinzip das Gleiche wie in Teilaufgabe b aus, nur wird die Grundmenge dieses Mal von den weiblichen und nicht von den männlichen Befragten gebildet.

$$P_{\overline{M}}(S) = \frac{P(S \cap \overline{M})}{P(\overline{M})} = \frac{0{,}09}{0{,}55} \approx 16{,}36\,\%$$

Vergleich mit dem Wert aus Teilaufgabe b:
Der Anteil derjenigen, welche die Sendung kannten, ist unter den Frauen also etwas größer als unter den Männern.

d) Die Bedingung der gesuchten Wahrscheinlichkeit ist hier „befragte Person kennt die Sendung nicht". Gesucht ist der Anteil unter diesen Personen, die weiblich sind, also:

$$P_{\overline{S}}(\overline{M}) = \frac{P(\overline{M} \cap \overline{S})}{P(\overline{S})} = \frac{0{,}46}{0{,}85} \approx 54{,}12\,\%$$

Aufgaben **67.** Gegeben sind die Ereignisse A: „Ein zufällig ausgewähltes Teststück hat den Fehler A." und B: „Ein zufällig ausgewähltes Teststück hat den Fehler B." Kreuzen Sie an, bei welchen Fragestellungen die Wahrscheinlichkeit $P_A(B)$ gesucht ist.

Mit welcher Wahrscheinlichkeit hat das Teststück den Fehler A, wenn es den Fehler B aufweist?	☐
Ein Teststück hat den Fehler A. Mit welcher Wahrscheinlichkeit hat es auch den Fehler B?	☐
Mit welcher Wahrscheinlichkeit weist das Teststück, das den Fehler A hat, den Fehler B auf?	☐
Mit welcher Wahrscheinlichkeit hat das Teststück den Fehler B, wenn es den Fehler A hat?	☐

68. Geben Sie für jede Aussage die richtige Formelgleichung an.

a	18 % aller Mathelehrer haben einen Hund.
b	Jeder fünfte Schüler mag Kaugummi, aber kein Schnitzel.
c	Jedes vierte Mädchen möchte kein Pferd haben.
d	Alle Lügner haben kurze Beine.
e	Mindestens 76 von 80 Schülern, die ihre Hausaufgaben nicht regelmäßig machen, bekommen zu Hause Ärger.

69. Der TÜV-Bericht ergab: 12 % der vorgeführten Pkws haben schwerwiegende
Mängel und erhalten deshalb nicht die
Plakette. 60 % dieser Pkws sind über
7 Jahre alt. Von den vorgeführten Pkws
erhalten 20 % die Plakette und sind älter
als 7 Jahre. Frau Schmitt fährt mit ihrem
9 Jahre alten Auto zum TÜV.
Berechnen Sie, mit welcher Wahrscheinlichkeit ihr Auto die Plakette bekommt.
Verwenden Sie eine Vierfeldertafel.

70. Jeder vierte aller bei Dr. Medicus vorsprechenden Patienten leidet an hohem
Fieber. 8,2 % der Patienten fiebern, ohne infiziert zu sein. 8 von 10 Patienten
mit einer Virusinfektion leiden auch an hohem Fieber.

a) Stellen Sie die zugehörige Vierfeldertafel auf und bestimmen Sie die
Wahrscheinlichkeit dafür, dass ein Patient weder fiebert noch einen
Virusinfekt hat.

b) Es haben sich 38 Patienten für heute bei Dr. Medicus angemeldet.
Mit wie vielen virusinfizierten Personen kann der Doktor heute rechnen?
Nehmen Sie zu dem Ergebnis Stellung.

71. Eine Untersuchung von 5 000 Fahrradunfällen brachte folgende Resultate:

$P(\bar{K} \cap \bar{H}) = 0,17$

$P(H) = 0,38$

$P_K(\bar{H}) = 0,69$

K: „Fahrer erlitt beim Unfall eine Kopfverletzung."

H: „Fahrer trug beim Unfall einen Helm."

a) Beschreiben Sie die angegebenen Wahrscheinlichkeiten in Worten und
fertigen Sie eine zugehörige Vierfeldertafel.

b) Ermitteln Sie, wie viel % derjenigen Radfahrer, die keine Kopfverletzung
erlitten, einen Helm trugen.

2 Bedingte Wahrscheinlichkeit und Baumdiagramm

Statt mit der Vierfeldertafel können Aufgaben zur bedingten Wahrscheinlichkeit auch mit einem Baumdiagramm gelöst werden. Im Gegensatz zur Vierfeldertafel sind **bedingte Wahrscheinlichkeiten im Baumdiagramm direkt ablesbar**.

Regel | In einem Baumdiagramm stehen in der 2. Stufe stets bedingte Wahrscheinlichkeiten.

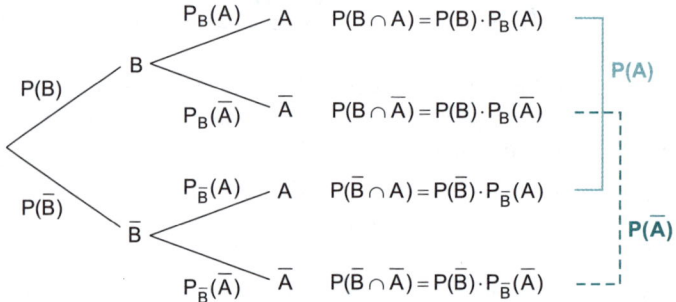

Während die Wahrscheinlichkeiten $P(B)$ und $P(\overline{B})$ in der 1. Stufe gegeben sind, ergeben sich $P(A)$ sowie $P(\overline{A})$ aus der Summe derjenigen Wahrscheinlichkeiten, die zu A bzw. $\overline{A}$ führen. Für die bedingten Wahrscheinlichkeiten gilt:

$$P_B(A) = \frac{P(B \cap A)}{P(B)}$$

$$P_{\overline{B}}(A) = \frac{P(\overline{B} \cap A)}{P(\overline{B})}$$

$$P_A(B) = \frac{P(B \cap A)}{P(A)} = \frac{P(B \cap A)}{P(B \cap A) + P(\overline{B} \cap A)}$$

$$P_{\overline{A}}(B) = \frac{P(B \cap \overline{A})}{P(\overline{A})} = \frac{P(B \cap \overline{A})}{P(B \cap \overline{A}) + P(\overline{B} \cap \overline{A})}$$

Beispiel | Eine Kellnerin weiß aus Erfahrung, dass am Nachmittag 15 % aller Gäste weder Kaffee trinken noch einen Kuchen bestellen. Jeder dritte Gast isst ein Stück Kuchen. 9 von 10 Gästen, die Kuchen essen, trinken auch Kaffee. Adrian bestellt einen Kaffee. Erstellen Sie das zugehörige Baumdiagramm und berechnen Sie die Wahrscheinlichkeit, mit der Adrian einen Kuchen verlangt.

Lösung:
Ku stehe für „Gast bestellt einen Kuchen".
Ka stehe für „Gast bestellt einen Kaffee".

Gegeben: $P(\overline{Ku} \cap \overline{Ka}) = 0,15$

$$P(Ku) = \frac{1}{3}$$

$$P_{Ku}(Ka) = 0,90$$

Adrian bestellt einen Kaffee (Bedingung Ka). Mit welcher Wahrscheinlichkeit verlangt er auch einen Kuchen? Gesucht ist also die bedingte Wahrscheinlichkeit:

$$P_{Ka}(Ku) = \frac{P(Ku \cap Ka)}{P(Ka)}$$

Ist eine bedingte Wahrscheinlichkeit gegeben, so beginnt man das Baumdiagramm am besten mit deren Bedingung. So ist gewährleistet, dass man die gegebene Wahrscheinlichkeit direkt ins Baumdiagramm eintragen kann. Darum beginnt man hier mit Ku und trägt alle gegebenen Werte ein, ebenso diejenigen, die sich aus den Pfadregeln und der Verzweigungsregel ergeben.

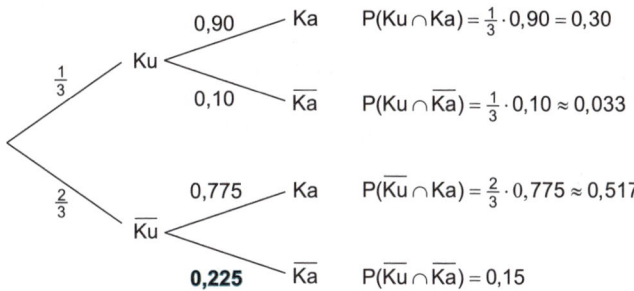

Der Wert $P_{\overline{Ku}}(\overline{Ka}) = 0,225$ ergibt sich dabei über die 1. Pfadregel:

$$P(\overline{Ku} \cap \overline{Ka}) = P(\overline{Ku}) \cdot P_{\overline{Ku}}(\overline{Ka})$$

$$0,15 = \frac{2}{3} \cdot P_{\overline{Ku}}(\overline{Ka})$$

$$0,225 = P_{\overline{Ku}}(\overline{Ka})$$

Gesucht ist $P_{Ka}(Ku) = \frac{P(Ku \cap Ka)}{P(Ka)}$. Unbekannt ist die Wahrscheinlichkeit $P(Ka)$, die sich aber über die Pfade 1 und 3 berechnen lässt:

$P(Ka) = 0,30 + 0,517 = 0,817$

Damit gilt: $P_{Ka}(Ku) = \frac{P(Ku \cap Ka)}{P(Ka)} = \frac{0,30}{0,817} \approx 0,367 = 36,7\,\%$

Adrian isst mit einer Wahrscheinlichkeit von 36,7 % einen Kuchen.

Bei bedingten Wahrscheinlichkeiten sind noch zwei Dinge zu beachten:

Regel

> • Je nachdem, welche Größen gegeben sind, ist die Lösung mit Vierfeldertafel oder mit Baumdiagramm einfacher. Sollten Sie auf die eine Art nicht weiterkommen, so versuchen Sie es auf die andere Art.
>
> • Achten Sie auf den **Unterschied zwischen $P_A(B)$ und $P(A \cap B)$:**
> $P_A(B)$ ist die Wahrscheinlichkeit, dass B eintritt, wenn A schon eingetreten ist.
> $P(A \cap B)$ ist die Wahrscheinlichkeit, dass A und B gleichzeitig eintreten.

Beispiel

Geben Sie den jeweiligen Term und den Wert der Wahrscheinlichkeit an. Verwenden Sie dabei die Abkürzungen:
M – Student isst in der Mensa
F – Student isst Fleisch

a) Von 28 Studenten, die in der Mensa essen, wählen 21 ein Fleischgericht.

b) Von 50 Studenten gehen 30 in die Mensa und essen ein Fleischgericht.

c) Von 60 Studenten, die Fleisch essen, geht ein Viertel nicht in die Mensa.

Lösung:

a) $P_M(F) = \frac{21}{28} = 0,75$ Bedingung: „die in der Mensa essen"

b) $P(M \cap F) = \frac{30}{50} = 0,60$ „in die Mensa und essen", also gleichzeitig

c) $P_F(\overline{M}) = \frac{1}{4} = 0,25$ Bedingung: „die Fleisch essen"

Aufgaben 72. An einer Schule unterrichten drei Erdkundelehrer, die bei einem Schnuppernachmittag Fragen von Schülern beantworten sollen.

Herr Schwarz kann 97 % aller Fragen richtig beantworten.	Frau Hoffmann kann 85 % aller Fragen richtig beantworten.	Herr Klein kann 76 % aller Fragen richtig beantworten.

Ermitteln Sie unter der Annahme, dass jeder Lehrer gleich viele Fragen beantworten muss, die Wahrscheinlichkeit, dass

a) ein Schüler an Herrn Klein gerät und eine falsche Antwort erhält.

b) ein Schüler, dessen Frage an Frau Hoffmann gestellt wird, eine richtige Antwort erhält.

c) ein Schüler eine richtige Antwort erhält.

d) ein Schüler, der keine richtige Antwort erhält, Herrn Schwarz befragt.

73. Gegeben ist das rechts abgebildete, unvollständige Baumdiagramm.

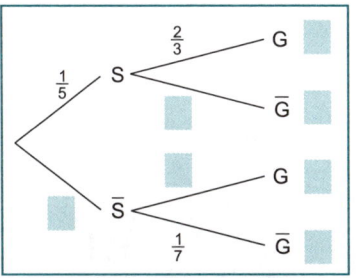

a) Vervollständigen Sie es.

b) Erstellen Sie daraus eine Vierfeldertafel.

c) Erstellen Sie nun ein Baumdiagramm, bei dem Sie mit G statt mit S beginnen.

d) Josef führt im Rahmen seines W-Seminars eine Umfrage unter den Schülern der Mittelstufe durch. Das Ergebnis ist im Baumdiagramm festgehalten. Dabei bedeutet

G: „Der Schüler isst gerne Gummibärchen."

S: „Der Schüler spielt Schach."

Lesen Sie aus den Teilaufgaben a bis c die von Josef notierten Wahrscheinlichkeiten ab (siehe rechts) und interpretieren Sie die Ergebnisse im Sachzusammenhang.

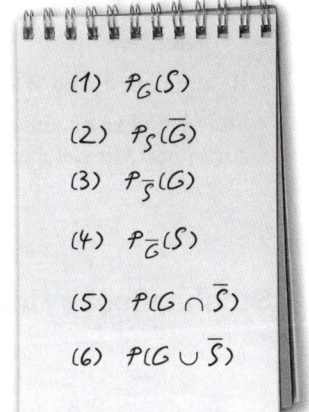

(1) $P_G(S)$

(2) $P_S(\overline{G})$

(3) $P_{\overline{S}}(G)$

(4) $P_{\overline{G}}(S)$

(5) $P(G \cap \overline{S})$

(6) $P(G \cup \overline{S})$

74. Während des Oktoberfestes sind im Münchner Stadtzentrum viermal so viele Touristinnen unterwegs wie einheimische Damen. Touristinnen tragen in dieser Zeit zu 20 % ein Dirndl, die Münchnerinnen zu 40 %.

a) Sie fragen eine Dame mit Dirndl nach dem Weg zu einem abgelegenen Stadtteil. Berechnen Sie mithilfe eines Baumdiagramms die Wahrscheinlichkeit, dass Sie eine Münchnerin fragen.

b) Nun fragen Sie eine Dame ohne Dirndl. Berechnen Sie, wie hoch jetzt die Wahrscheinlichkeit ist, dass Sie vor einer Einheimischen stehen.

c) Begründen Sie, welche Dame Sie also ansprechen sollten, um möglichst schnell eine zuverlässige Auskunft zu erhalten.

75. In drei Städten werden Computerchips hergestellt, davon stammen 20 % aus Peking, 45 % aus Nanchang und die restlichen aus Zhengzhou. 1,5 % der aus Nanchang stammenden Chips sind fehlerhaft, Zhengzhou liefert 3 % und Peking 2 % fehlerhafte Chips.

a) Aus der Gesamtproduktion wird ein Chip ausgewählt.
Berechnen Sie die Wahrscheinlichkeit, mit der er brauchbar ist.

b) Ermitteln Sie die Wahrscheinlichkeit, mit der ein fehlerhafter Chip in Zhengzhou gefertigt worden ist.

76. Robert wirft eine Münze. Bei Bild wählt er Urne A, sonst Urne B. Anschließend nimmt er aus der gewählten Urne gleichzeitig 2 Kugeln.

Urne A

Urne B

a) Bestimmen Sie die Wahrscheinlichkeit für „2 farbige Kugeln".

b) Stolz berichtet er seiner Schwester Susanne, dass er 2 farbige Kugeln gezogen hat. Mit welcher Wahrscheinlichkeit stammen sie aus Urne A?

3   Stochastische Unabhängigkeit von Ereignissen

Ein Würfel hat kein Gedächtnis. Er weiß nicht, welche Zahl zuletzt gefallen ist. Jeder Wurf findet **unabhängig** zum vorherigen Wurf statt.

Beim Losen ist es entscheidend, ob der Vorgänger einen Gewinn oder eine Niete gezogen hat. Entsprechend verändern sich die Gewinnwahrscheinlichkeiten. Die Züge **hängen** also **voneinander ab**.

Definition

> Zwei Ereignisse A und B heißen **stochastisch unabhängig**, wenn gilt:
> $P(A \cap B) = P(A) \cdot P(B)$
> Ansonsten heißen A und B stochastisch abhängig.

Folgerungen:

• Wenn die Ereignisse A und B unabhängig sind, dann auch A und $\overline{B}$, $\overline{A}$ und B sowie $\overline{A}$ und $\overline{B}$.

- Die Vierfeldertafel ist bei stochastisch unabhängigen Ereignissen eine Multiplikationstabelle.

	B	$\overline{B}$	
A	$a \cdot b$	$a \cdot (1-b)$	a
$\overline{A}$	$(1-a) \cdot b$	$(1-a) \cdot (1-b)$	$1-a$
	b	$1-b$	1

- Sind A und B stochastisch unabhängig, so beeinflusst das Eintreten bzw. Nichteintreten des Ereignisses A nicht das Eintreten bzw. Nichteintreten des Ereignisses B. Die bedingten Wahrscheinlichkeiten auf der 2. Stufe des Baumdiagramms entsprechen daher P(B) bzw. P($\overline{B}$).

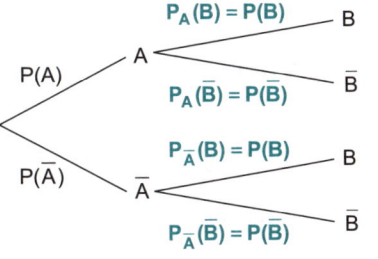

Regel

Vorsicht Verwechslungsgefahr!
A und B sind **unvereinbar**, wenn $A \cap B = \{ \}$, also $P(A \cup B) = P(A) + P(B)$.
A und B sind **unabhängig**, wenn $P(A \cap B) = P(A) \cdot P(B)$.

Beispiele

1. Jan wirft einen Würfel. Prüfen Sie die Ereignisse A: „Es fällt eine gerade Zahl." und B: „Es fällt eine Primzahl." auf stochastische Unabhängigkeit.

   Lösung:

   $A = \{2; 4; 6\} \Rightarrow P(A) = \frac{1}{2}$

   $B = \{2; 3; 5\} \Rightarrow P(B) = \frac{1}{2}$

   $A \cap B = \{2\} \Rightarrow P(A \cap B) = \frac{1}{6} \neq \frac{1}{4} = \frac{1}{2} \cdot \frac{1}{2} = P(A) \cdot P(B)$

   Die Ereignisse A und B sind also stochastisch abhängig.

2. Ein Einkaufszentrum ist von zwei Straßen aus zu erreichen. 70 % der Besucher kommen von der Angerstraße, 20 % der Besucher schauen sich um, aber kaufen nichts ein. 24 % benutzen die Badstraße und kaufen etwas.

   a) Sie treffen auf einen Käufer. Berechnen Sie die Wahrscheinlichkeit, mit der er von der Angerstraße kam.

   b) Sie treffen auf eine Person, die nichts gekauft hat. Berechnen Sie die Wahrscheinlichkeit, mit der sie von der Angerstraße kam.

   c) Interpretieren Sie die Ergebnisse aus den Teilaufgaben a und b.

   Lösung:

   a) K stehe für „Käufer" und A für „kommt von der Angerstraße".
      Gegeben: $P(A) = 0,70$; $P(\overline{K}) = 0,20$; $P(K \cap \overline{A}) = 0,24$

Hieraus lässt sich die Vierfeldertafel direkt aufstellen:

	A	$\overline{A}$	
K	0,56	0,24	0,80
$\overline{K}$	0,14	0,06	0,20
	0,70	0,30	1

Man sieht, dass die Vierfeldertafel eine Multiplikationstabelle ist, woraus sich die Unabhängigkeit auch ohne weiteres Rechnen folgern lassen würde.

$$P_K(A) = \frac{P(A \cap K)}{P(K)} = \frac{0,56}{0,80} = 0,70 = P(A)$$

b) $P_{\overline{K}}(A) = \frac{P(A \cap \overline{K})}{P(\overline{K})} = \frac{0,14}{0,20} = 0,70 = P(A)$

c) Dass ein Besucher von der Angerstraße kommt, ist nicht davon abhängig, ob er etwas kauft oder nicht.

Aufgaben

77. Beim Abfüllen von Getränkedosen treten zwei mögliche Fehler auf. Der Verschluss ist fehlerhaft (V) und die Füllmenge ist zu gering (F). Bei 95 % aller Dosen ist der Verschluss intakt. Bei 2 von 1 000 Dosen treten beide Fehler auf, während bei 8,8 % aller Dosen mindestens einer der Fehler auftritt. Untersuchen Sie, ob die beiden Fehler unabhängig voneinander auftreten.

78. Alexander und Martin werfen gleichzeitig und unabhängig voneinander einen Freiwurf auf einen Basketballkorb. Alexander trifft mit einer Wahrscheinlichkeit von 75 %. Mit 96 % trifft mindestens einer.

a) Wie wahrscheinlich ist es, dass Alexander trifft und Martin nicht?

b) Wie wahrscheinlich ist es, dass entweder Martin oder Alexander trifft?

79. Zwei Ereignisse A und B seien stochastisch unabhängig. Außerdem sei P(A)=0,4 und P(A∪B)=0,7. Berechnen Sie P(B) und $P_B(A)$.

80. Bei einem Konzert konnten die Besucher ihre Stimmen für drei Musikbands abgeben. Die *Pinguins* erhielten 45 % der Stimmen, *The Carpets* 35 % und *The Other Ones* 20 %. 2 200 Personen gaben ihre Stimme ab, von denen 65 % weiblich waren. Die Hälfte aller Frauen gab ihre Stimme den *Pinguins*.

a) Die Jury behauptet: Die Siegerband ist bei allen unabhängig vom Geschlecht gleich beliebt. Nehmen Sie zu dieser Behauptung Stellung.

b) Berechnen Sie die Wahrscheinlichkeit, mit der eine Person, die gewählt hat, männlich ist und für die *Pinguins* gestimmt hat.

c) Ermitteln Sie die Wahrscheinlichkeit, dass jemand, der nicht für die *Pinguins* gestimmt hat, männlich ist.

Zufallsgrößen und ihre Wahrscheinlichkeitsverteilung

1 Zufallsgröße und Wahrscheinlichkeitsverteilung

Man ist oft daran interessiert, den Ergebnissen eines Zufallsexperiments reelle Werte zuzuordnen. Hierfür wird die sogenannte **Zufallsgröße**, auch **Zufalls-variable** genannt, eingeführt.

Definition

> Eine Funktion (oder Abbildung) Z, die jedem Ergebnis $\omega \in \Omega$ eines Zufallsexperiments eindeutig eine reelle Zahl $Z(\omega)$ zuordnet, heißt **Zufallsgröße Z.**

Denken Sie dabei zum Beispiel an ein Glücksspiel, bei dem man bei bestimmten Ausgängen einen bestimmten Gewinn oder Verlust erzielt.

Beispiel

Felix würfelt einen Würfel. Fällt die 1, so bekommt er 2 €, fällt die 2, 3, 4 oder 5, bekommt er nichts, fällt die 6, muss er 1 € zahlen. Die Zufallsgröße Z gebe hier den Gewinn von Felix an. Dann folgt:

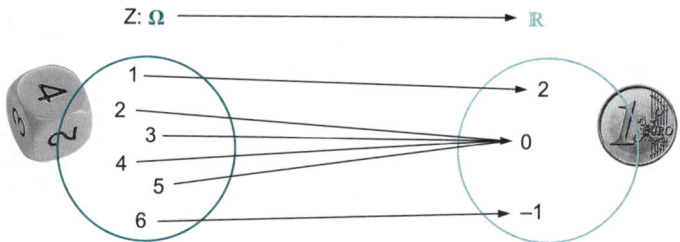

Beachten Sie, dass der Gewinn für die Augenzahl 6 negativ ist, da Felix ja etwas bezahlen muss.

Im Beispiel hat man gesehen, dass vier Ergebnissen des Würfelwurfs der Wert 0 zugeordnet wurde und die Zufallsgröße nur die drei Werte 2, 0 und –1 annimmt. Die vier Wurfergebnisse 2, 3, 4 und 5 bilden also das Ereignis „Gewinn 0", was sich durch Z = 0 darstellen lässt.

Allgemein gilt für eine auf dem Ergebnisraum Ω definierte Zufallsgröße: Zu jedem Wert z, den die Zufallsgröße Z annimmt, gibt es ein **Ereignis**, das aus denjenigen Ergebnissen besteht, die durch Z auf z abgebildet werden. Hierfür schreibt man kurz **Z = z.**

Beispiele

1. Für Felix' Würfelwurf bedeutet das:

zugehöriges Ereignis	{1}	{2; 3; 4; 5}	{6}
Z = z	2	0	–1

2. Beispiele für Zufallsgrößen:

Zufallsgröße	Werte der Zufallsgröße
Anzahl der geworfenen Sechser beim Werfen dreier Würfel	0; 1; 2; 3
Anzahl der Bilder beim vierfachen Münzwurf	0; 1; 2; 3; 4
Anzahl der Ober, wenn man zufällig acht Karten aus einem Schafkopfblatt zieht	0; 1; 2; 3; 4
Anzahl der Buchstaben in einem zufällig ausgewählten Wort des Satzes „Wer reitet so spät durch Nacht und Wind? Es ist der Vater mit seinem Kind."	2; 3; 4; 5; 6
Wert eines Bruches, wobei erst der Zähler und dann der Nenner durch das Werfen eines Tetraeders bestimmt wird	$\frac{1}{4}; \frac{1}{3}; \frac{1}{2}; \frac{2}{3}; \frac{3}{4}; 1; \frac{4}{3}; \frac{3}{2}; 2; 3; 4$

Zur Bezeichnung von Zufallsgrößen verwendet man statt Z oft auch andere Großbuchstaben, sehr häufig **X** oder **Y**. Auch die Buchstaben E (Einsatz), A (Auszahlung) und G (Gewinn = Auszahlung – Einsatz) finden öfter Verwendung. Allerdings ist die Bezeichnung E ungünstig, da der Erwartungswert mit E abgekürzt wird (siehe Seite 79).
Bei Zufallsexperimenten ist man selbstverständlich daran interessiert, mit welcher Wahrscheinlichkeit die einzelnen Werte von Z eintreten.

Definition

Jedem Wert z der Zufallsgröße Z lässt sich die Wahrscheinlichkeit P(Z = z) zuordnen, mit der z auftritt. Eine solche Zuordnung heißt Wahrscheinlichkeitsfunktion oder **Wahrscheinlichkeitsverteilung der Zufallsgröße Z**.

Beispiele

1. Jedes Ergebnis von Felix' Würfelwurf tritt mit der Wahrscheinlichkeit $\frac{1}{6}$ auf. Für die Wahrscheinlichkeitsverteilung der Zufallsgröße Z von Seite 74 folgt somit:

zugehöriges Ereignis	{1}	{2; 3; 4; 5}	{6}
Z = z	2	0	–1
P(Z = z)	$\frac{1}{6}$	$\frac{4}{6}$	$\frac{1}{6}$

Die **Summe aller Wahrscheinlichkeiten einer Zufallsgröße Z** ist **1**.

2.

Einsatz pro Drehung: 2 €

Niete – Spieler muss
zusätzlich 1 € zahlen

Jackpot
– Spieler erhält 8 €

100 200 300 400 500

– Die Zahlen geben die
Beträge in Cent an, die der
Spieler ausgezahlt bekommt.

Stellen Sie für die Zufallsgröße „Gewinn bei 1 Drehung" die zugehörige
Wahrscheinlichkeitsverteilung auf.

Lösung:
Die Zufallsgröße „Gewinn bei 1 Drehung" wird mit G bezeichnet. Zuerst
überlegt man sich, welche Werte diese Zufallsgröße überhaupt annimmt.
Es gilt stets **Gewinn = Auszahlung – Einsatz**, weshalb folgt:

Gewinn bei „Niete" $= -1 - 2 = -3$ Die Auszahlung beträgt –1 €.
Gewinn bei „Jackpot" $= 8 - 2 = 6$ Der Einsatz von 2 € muss abgezogen werden.
Gewinn bei „100" $= 1 - 2 = -1$ 100 ct = 1 €
usw.

Alle Sektoren des Glücksrads sind gleich groß, womit jeder der 16 Sektoren mit der Wahrscheinlichkeit $\frac{1}{16}$ gedreht wird. Für die Wahrscheinlichkeitsverteilung folgt:

Ereignis	{Niete}	{Jackpot}	{100}	{200}	{300}	{400}	{500}
G = g	–3 €	6 €	–1 €	0 €	1 €	2 €	3 €
P(G = g)	$\frac{3}{16}$	$\frac{1}{16}$	$\frac{8}{16}$	$\frac{1}{16}$	$\frac{1}{16}$	$\frac{1}{16}$	$\frac{1}{16}$

3. Karla trifft mit einer Wahrscheinlichkeit von 0,4 in den Basketballkorb.
   Sie wirft viermal hintereinander auf den Korb. Die Zufallsgröße Z gibt an,
   wie oft sie in den Korb trifft.
   Erläutern Sie die Bedeutung der Ereignisse Z = 0, Z > 3 und Z ≤ 1 und
   geben Sie sie in aufzählender Form an.

   Lösung:
   Z nimmt die Werte 0, 1, 2, 3 oder 4 an. T stehe im Folgenden für „Treffer" und $\overline{T}$ für „keinen Treffer".

$Z = 0$ bedeutet, dass Karla 0 von 4 möglichen Treffern erzielt.

$Z = 0$: $\{\overline{T}\,\overline{T}\,\overline{T}\,\overline{T}\}$

$Z > 3$ bedeutet, dass Karla **mehr als 3** von 4 möglichen Treffern erzielt. Sie trifft also viermal. Zu $Z > 3$ gehört daher nur das Ereignis $Z = 4$.

$Z > 3$: $\{T\,T\,T\,T\}$

$Z \leq 1$ bedeutet, dass Karla **höchstens 1** von 4 möglichen Treffern erzielt. Sie trifft also entweder keinmal oder einmal. Zu $Z \leq 1$ gehören daher die Ereignisse $Z = 0$ und $Z = 1$. Der eine Treffer kann entweder im 1., 2., 3. oder 4. Wurf erfolgen.

$Z \leq 1$: $\{\overline{T}\,\overline{T}\,\overline{T}\,\overline{T}; T\,\overline{T}\,\overline{T}\,\overline{T}; \overline{T}\,T\,\overline{T}\,\overline{T}; \overline{T}\,\overline{T}\,T\,\overline{T}; \overline{T}\,\overline{T}\,\overline{T}\,T\}$

Aufgaben

81. Franziska würfelt zwei unterscheidbare Oktaeder, die jeweils mit den Zahlen von 1 bis 8 beschriftet sind. Als Zufallsgröße Z wird die Augensumme der zwei gewürfelten Zahlen definiert.
    Geben Sie die zugehörige Wahrscheinlichkeitsverteilung von Z an.

82. Rico besitzt 10 Karten, unter denen sich genau ein Ass befindet. Er mischt die Karten und lässt anschließend Nele so lange Karten ziehen, bis das Ass erscheint. Erscheint das Ass im 1. Zug, so muss Rico an Nele 7 € zahlen, im 2. Zug noch 6 €, im 3. Zug 5 €, … und im 7. Zug 1 €. Kommt das Ass erst im 8., 9. oder 10. Zug, so muss Nele an Rico 8 €, 9 € oder 10 € bezahlen.
    Definieren Sie eine geeignete Zufallsgröße und stellen Sie die zugehörige Wahrscheinlichkeitsverteilung auf.

83. Ein Glücksspielautomat besteht aus drei Rädern mit jeweils zehn gleich großen Sektoren, davon sind jeweils 6 rot (r), 3 blau (b) und 1 weiß (w) eingefärbt. Der Automat kassiert pro Spiel 5 € und zahlt aus:

Anzeige	rrr	bbb	www	w$\overline{w}$w	sonst
Auszahlung	10 €	20 €	100 €	50 €	–

    a) Bestimmen Sie die Wahrscheinlichkeitsverteilung für die Zufallsgröße G: „Gewinn bei 1 Spiel".

    b) Wie groß ist die Wahrscheinlichkeit einer Auszahlung, wenn man weiß, dass der Automat im vorangegangenen Spiel Geld ausgezahlt hat?

84. Luca hat 5 grüne und 5 rote Zettel, die jeweils mit den Zahlen 1, 2, 3, 4 und 6 beschriftet sind. Er zieht zufällig einen roten und einen grünen Zettel.
    Die Zufallsgröße Z sei das Produkt der beiden Zahlen.
    Geben Sie an, welche Ziehergebnisse und Wahrscheinlichkeiten zu $Z = 6$, $Z > 16$ und $8 < Z \leq 18$ gehören.

2 Darstellung einer Wahrscheinlichkeitsverteilung

Mithilfe verschiedener Diagramme bekommt man einen guten ersten Eindruck, wie die Wahrscheinlichkeit 1 auf die einzelnen Werte der zugehörigen Zufallsgröße verteilt ist. Die Wahrscheinlichkeitsverteilung lässt sich beispielsweise in einem Punkt- oder Stabdiagramm darstellen, im Hinblick auf die Binomialverteilung (siehe Seite 90) ist das Histogramm allerdings geläufiger.

Beispiel

Ein Glücksspiel besitzt die folgende Wahrscheinlichkeitsverteilung für den Gewinn in Euro:

$Z=z$	-3	-2	0	1	2	3	5
$P(Z=z)$	0,2	0,1	0,3	0,15	0,1	0,1	0,05

Stellen Sie die Wahrscheinlichkeitsverteilung in einem Punktdiagramm bzw. Stabdiagramm bzw. Histogramm dar.

Lösung:

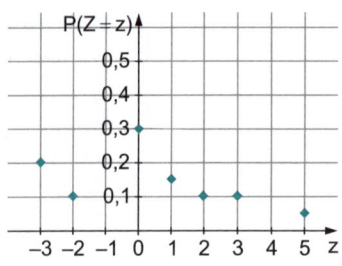

Punktdiagramm
Die Wertepaare werden als Punkte in das Diagramm eingetragen.

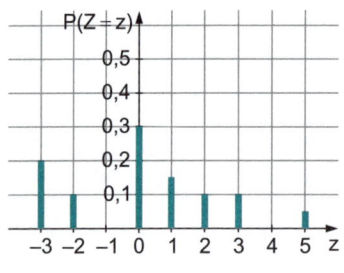

Stabdiagramm
Die Wertepaare werden als Stäbe in das Diagramm eingetragen. Die Summe der Stablängen ergibt 1.

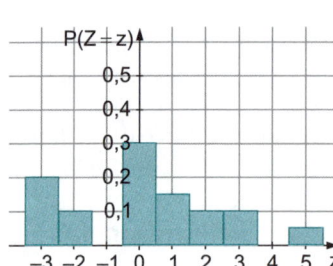

Histogramm
Gezeichnet werden Rechtecke mit der Breite 1 symmetrisch zum Wert z und der Wahrscheinlichkeit von z als Höhe. Bei einer Streifenbreite von 1 ergibt die Summe der Flächeninhalte aller Rechtecke 1.

Aufgaben **85.** Aus der rechts abgebildeten Schale werden gleichzeitig drei Kugeln entnommen. Bestimmen Sie die Wahrscheinlichkeitsverteilung für die Zufallsgröße X: „Anzahl der gezogenen farbigen Kugeln" und zeichnen Sie das Histogramm dieser Wahrscheinlichkeitsverteilung.

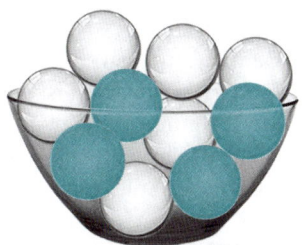

86. a) Begründen Sie, weshalb eine der folgenden Abbildungen nicht zu einer Wahrscheinlichkeitsverteilung passt. Wie könnte man diesen Graphen passend verändern?

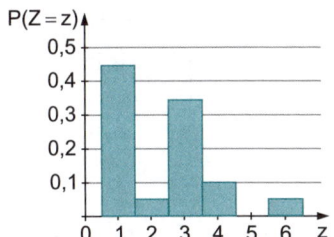   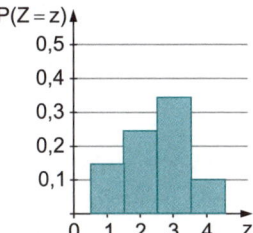

b) Ermitteln Sie den fehlenden Wert p und zeichnen Sie das zugehörige Histogramm.

$Z = z$	-2	-1	1	2
$P(Z = z)$	0,2	0,15	p	0,3

3 Erwartungswert, Varianz und Standardabweichung einer Zufallsgröße

Wird ein Spieler bei einem Glücksspiel auf lange Sicht gewinnen oder verlieren? Um diese Frage beantworten zu können, muss die Wahrscheinlichkeitsverteilung näher untersucht werden. In diesem Falle berechnet man den sogannten Erwartungswert der Zufallsgröße Gewinn.

Definition   Nimmt die Zufallsgröße Z nur endlich viele Werte $z_1, z_2, \ldots, z_n$ mit den zugehörigen Wahrscheinlichkeiten $p_1, p_2, \ldots, p_n$ an, so errechnet sich der **Erwartungswert** der Zufallsgröße Z durch:

$$E(Z) = \mu = \sum_{i=1}^{n} z_i \cdot p_i = z_1 \cdot p_1 + z_2 \cdot p_2 + \ldots + z_n \cdot p_n$$

Bemerkungen:
- Der Erwartungswert der Zufallsgröße Z wird mit E(Z) oder **μ** („mü") abgekürzt.
- Der Erwartungswert ist der **auf lange Sicht** zu erwartende mittlere Wert von Z (z. B. der mittlere Gewinn, die mittlere Auszahlung usw.).
- Wenn der Erwartungswert des Gewinns bei einem Glücksspiel 0 € ist, heißt ein solches Spiel **fair**.

Beispiel

Gegeben ist die Wahrscheinlichkeitsverteilung für ein Glücksspiel. Dabei ist A die Auszahlung im Gewinnfall:

A = a	4 €	3 €	1 €	0,40 €
P(A = a)	0,08	0,12	0,25	p_4

Berechnen Sie den fehlenden Wert p_4 und ermitteln Sie, wie hoch der Einsatz bei einem Spiel sein muss, damit das Spiel fair ist.

Lösung:
Da die Summe aller Wahrscheinlichkeiten 1 sein muss, muss gelten:
0,08 + 0,12 + 0,25 + p_4 = 1 $\Rightarrow$ p_4 = 0,55

Das Spiel ist fair, wenn der Erwartungswert des Gewinns 0 ist, also **wenn der Einsatz für ein Spiel ebenso groß ist wie die auf lange Sicht zu erwartende mittlere Auszahlung**.

Mittlere Auszahlung pro Spiel:
E(A) = μ = 4 € · 0,08 + 3 € · 0,12 + 1 € · 0,25 + 0,4 € · 0,55 = 1,15 €

Bei einem Einsatz von 1,15 € pro Spiel ist das Glücksspiel fair.

Die Werte einer Zufallsgröße Z variieren mehr oder weniger stark um den Erwartungswert μ. Diese Abweichungen sind $d = |z - μ|$. Als Maß für die Streuung, die sogenannte Varianz, verwendet man jedoch nicht den Erwartungswert der Differenz, sondern den Erwartungswert des Quadrats dieser Differenz.

Definition

Varianz einer Zufallsgröße Z:

$$Var(Z) = \sum_{i=1}^{n} (z_i - μ)^2 \cdot p_i = (z_1 - μ)^2 \cdot p_1 + (z_2 - μ)^2 \cdot p_2 + \ldots + (z_n - μ)^2 \cdot p_n$$

Durch das Quadrieren tragen große Abweichungen von μ sehr viel stärker zum Wert der Varianz bei, als es bei $|z - μ|$ der Fall wäre. Allerdings ist diese Größe wenig anschaulich und hat auch noch die „falsche" Einheit. Ist Z z. B. eine Größe mit der Einheit €, so hat die Varianz die Einheit $€^2$. Deshalb wird zusätzlich eine weitere Größe definiert, die Standardabweichung σ („sigma").

Definition

> **Standardabweichung** einer Zufallsgröße Z:
>
> $\sigma = \sqrt{Var(Z)}$

Beispiel

Das Ergebnis einer Schulaufgabenkorrektur lieferte folgende Notenverteilung:

Note	1	2	3	4	5	6
Anzahl	4	6	6	4	10	2

a) Berechnen Sie den Erwartungswert und die Standardabweichung der Zufallsgröße X: „Note in der Schulaufgabe" und runden Sie auf 2 Dezimalstellen.

b) Berechnen Sie die Wahrscheinlichkeit dafür, dass X um weniger als 1 vom Erwartungswert abweicht.

Lösung:

a) Es wurden insgesamt 32 Arbeiten geschrieben. Also gilt:

$P(\text{Note } 1) = \frac{4}{32} = \frac{1}{8}$

Entsprechendes gilt für die anderen Noten.

X = x	1	2	3	4	5	6
P(X = x)	$\frac{1}{8}$	$\frac{3}{16}$	$\frac{3}{16}$	$\frac{1}{8}$	$\frac{5}{16}$	$\frac{1}{16}$

$E(X) = 1 \cdot \frac{1}{8} + 2 \cdot \frac{3}{16} + 3 \cdot \frac{3}{16} + 4 \cdot \frac{1}{8} + 5 \cdot \frac{5}{16} + 6 \cdot \frac{1}{16} = 3,50$

Der Notendurchschnitt ist $\mu = 3,5$.

$Var(X) = (1-3,5)^2 \cdot \frac{1}{8} + (2-3,5)^2 \cdot \frac{3}{16} + (3-3,5)^2 \cdot \frac{3}{16} + (4-3,5)^2 \cdot \frac{1}{8}$

$\qquad + (5-3,5)^2 \cdot \frac{5}{16} + (6-3,5)^2 \cdot \frac{1}{16}$

$\qquad = 2,375$

$\Rightarrow \sigma = \sqrt{2,375} \approx 1,54$

b) Im Intervall]2,5; 4,5[liegen die Noten 3 und 4 mit den Wahrscheinlichkeiten $\frac{3}{16}$ und $\frac{1}{8}$.
Die Wahrscheinlichkeit, dass eine Note um weniger als 1 vom Notendurchschnitt abweicht, ist deshalb $\frac{3}{16} + \frac{1}{8} = \frac{5}{16} = 31,25\,\%$.

Formal schreibt man die Wahrscheinlichkeit aus Teil b als **$P(\mu - 1 < X < \mu + 1)$**.

Aufgaben **87.** Für den Weihnachtsbasar bereitet die Klasse 6f ein Glücksspiel vor, bei denen an drei gleichen Glücksrädern gedreht werden darf. Dabei gilt für die Sektoren:

Symbol	🩵	🌙	⚡
P(Symbol)	0,2	0,3	0,5

Ermitteln Sie die Auszahlung A, mit der die Klasse pro Spiel auf lange Sicht rechnen muss, und die Gewinnerwartung für die Klasse.

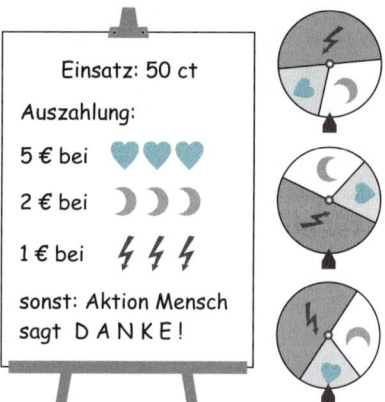

Einsatz: 50 ct

Auszahlung:

5 € bei 🩵🩵🩵

2 € bei 🌙🌙🌙

1 € bei ⚡⚡⚡

sonst: Aktion Mensch sagt D A N K E !

88. Ein Spieler wirft einen L-Würfel. Fällt eine gerade Zahl, gewinnt er die entsprechende Augenzahl in €. Fällt eine ungerade Zahl, muss er den der Augenzahl entsprechenden €-Betrag bezahlen.

    a) Berechnen Sie, welchen Gewinn oder Verlust der Spieler pro Spiel auf lange Sicht macht.

    b) Berechnen Sie, wie hoch der Einsatz sein müsste, damit das Spiel fair ist.

89. Nach einem Einsatz von 2 € würfelt Markus einmal mit zwei L-Würfeln. Erscheint ein Pasch (zwei gleiche Zahlen), dann erhält er von Walter 7 €. Würfelt Markus eine Augendifferenz von 5, dann bekommt er von Walter 23 € ausbezahlt. Bei einer Augendifferenz von 1 erhält Markus seinen Einsatz zurück. In allen anderen Fällen verliert er seinen Einsatz.

    a) Berechnen Sie den zu erwartenden Gewinn von Markus.

    b) Bei welchem Einsatz wäre das Spiel fair?

90. Ein L-Würfel wird so lange geworfen, bis entweder eine 6 erscheint oder viermal nacheinander keine 6.
Ermitteln Sie die auf lange Sicht zu erwartende Anzahl der Würfe.

91. In einem Gerät sind zwei Bauteile A und B eingebaut, die unabhängig voneinander während der Garantiezeit mit den Wahrscheinlichkeiten 0,2 (für A) bzw. 0,25 (für B) ausfallen. Die Reparaturkosten für die Schadensbeseitigung sind für A 40 € bzw. für B 10 €. Es werde angenommen, dass Schäden zwar gleichzeitig auftreten können, aber reparierte Geräte während der restlichen Garantiezeit nicht wieder kaputtgehen.
Bestimmen Sie die zu erwartenden Reparaturkosten für ein Gerät. Berechnen Sie zudem die Standardabweichung und interpretieren Sie diese im Sachzusammenhang.

92. Ein griechischer Euro hat auf einer Seite die Zahl 1 und auf der anderen das Bild einer Eule. Die Münze wird maximal viermal geworfen. Sobald die 1 erscheint, ist das Spiel beendet und es wird nicht mehr weitergewürfelt. Es werden folgende Gewinne ausbezahlt: 10 € bei vier Eulen, 4 € bei drei Eulen und 3 € bei zwei Eulen.
Berechnen Sie, welchen Einsatz der Veranstalter des Spiels verlangen muss, damit er pro Spiel im Schnitt 25 Cent Gewinn macht.

93. Tim hat ein L-Tetraeder und einen L-Würfel. Die vier Seitenflächen des Tetraeders sind mit den Ziffern 1, 2, 2 und 2 beschriftet und die Flächen des Würfels mit den Ziffern 1, 1, 2, 2, 2 und 3. Man würfelt zunächst mit dem Tetraeder, dann mit dem Würfel. Als gewürfelte Augenzahl gilt jeweils die Ziffer auf der Tischfläche.

a) Geben Sie zu diesem Experiment mithilfe eines Baumdiagramms einen geeigneten Ergebnisraum und die zugehörige Wahrscheinlichkeitsverteilung an.

b) Die Zufallsgröße Z sei nun die Augensumme der beiden Würfe. Ermitteln Sie die Wahrscheinlichkeitsverteilung von Z und stellen Sie sie in einem Punktdiagramm dar.

c) Berechnen Sie Erwartungswert und Standardabweichung von Z.

d) Geben Sie diejenigen Werte von Z an, die von μ um mindestens $\frac{4}{3}$ abweichen, und berechnen Sie die Wahrscheinlichkeit für dieses Ereignis.

94. Die Wahrscheinlichkeitsverteilung habe den Erwartungswert 1,56.

X = x	0	1	2	3
P(X = x)	?	p	p	0,3

Vervollständigen Sie die Tabelle.

95. Caroline hat vier Zettel, die mit je einer der Ziffern 1 bis 4 beschriftet sind.

Diese Zettel werden zufällig nebeneinandergelegt und mit der Reihenfolge 1 2 3 4 verglichen. Für jede Ziffer, die an der richtigen Stelle steht, wird 1 € ausbezahlt. Für die obige Anordnung bekäme Caroline also 2 €.
Ermitteln Sie die auf lange Sicht zu erwartende Auszahlung.

Die Binomialverteilung

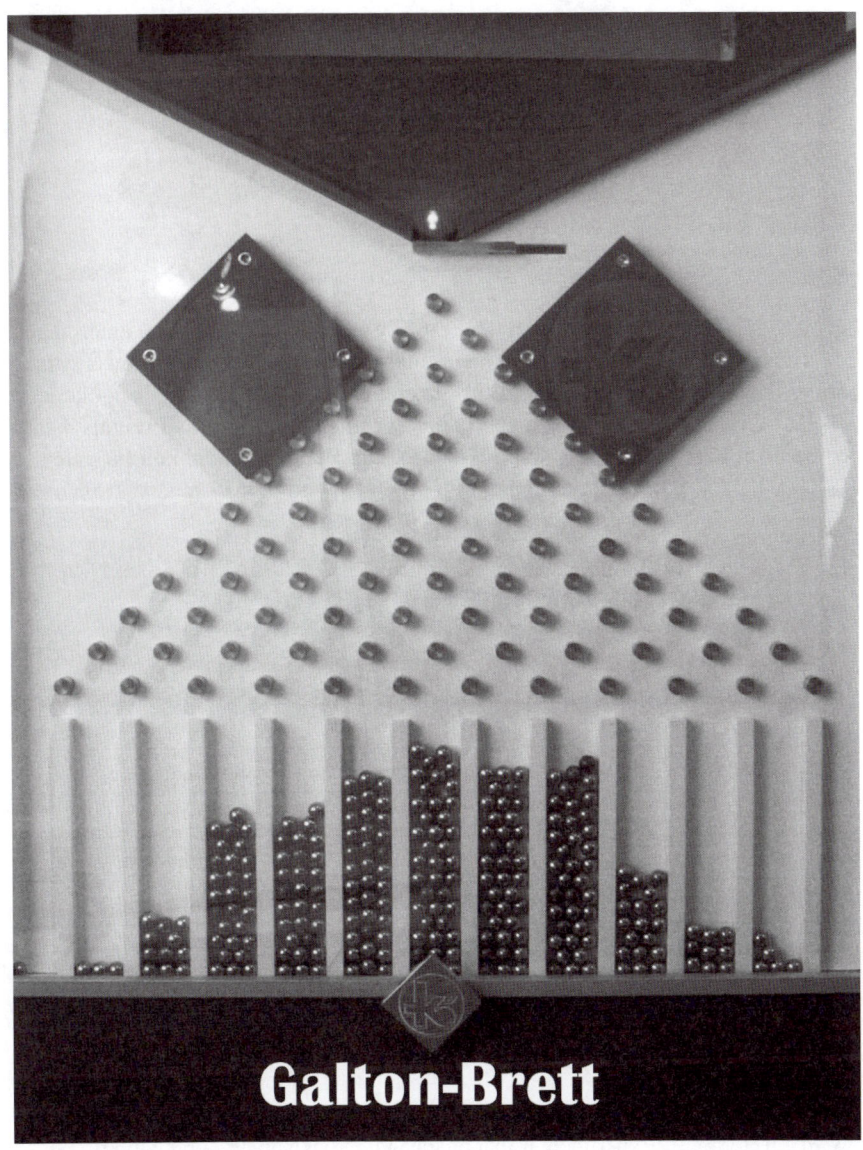

1 Bernoulli-Experiment und Bernoulli-Kette

To be or not to be, that is the question.

Ob im Stück *Hamlet* von William Shakespeare oder beim Einbringen einer neuen Spielfigur bei *Mensch ärgere Dich nicht* interessiert man sich nur für **zwei Ausgänge**: „to be or not to be" bzw. „Würfel zeigt eine 6" oder „Würfel zeigt keine 6". Häufig ist bei einem Zufallsexperiment nur interessant, ob das Ereignis A eingetreten ist **(Treffer T)** oder nicht **(Niete N)**. Die Wahrscheinlichkeit für einen Treffer wird mit **p** bezeichnet und die für eine Niete mit **q = 1 − p**.

Definition

Ein Zufallsexperiment mit genau zwei Ergebnissen $\Omega = \{A; \overline{A}\} = \{\text{Treffer; Niete}\}$ heißt **Bernoulli-Experiment**.

Beispiel

Experiment	**A = Treffer**	**$\overline{A}$ = Niete**
Eine L-Münze wird geworfen.	Bild	Zahl
Ein L-Würfel wird geworfen.	gerade	ungerade
Blumenzwiebel wird gepflanzt.	treibt	treibt nicht
Ein Teller fällt zu Boden.	geht kaputt	geht nicht kaputt
Qualitätsprüfung eines Artikels	brauchbar	unbrauchbar
Bestimmung des Rhesusfaktors	positiv	negativ
Kauf eines Glücksloses	Gewinn	Niete
Geschlecht eines Neugeborenen	weiblich	männlich

Definition

Wird ein Bernoulli-Experiment n-mal unabhängig voneinander durchgeführt, ohne dass sich die Trefferwahrscheinlichkeit p ändert, so spricht man von einer **Bernoulli-Kette der Länge n und dem Parameter p**.

Die Ergebnisse einer Bernoulli-Kette sind n-Tupel, die aus k Treffern und n − k Nieten bestehen.

Realisierung eines Bernoulli-Experiments mithilfe einer Urne:
Eine Bernoulli-Kette der Länge n = 5 und p = 0,4 lässt sich mit einer Urne realisieren, die zu 40 % schwarze Kugeln enthält (z. B. 4 schwarze und 6 weiße Kugeln). Es wird 5-mal eine Kugel gezogen, deren Farbe festgestellt und nach jeder Ziehung in die Urne zurückgelegt.
Ein 5-Tupel ist z. B. (schwarz | schwarz | weiß | weiß | schwarz).

Es ist wichtig, dass das Urnenexperiment **mit Zurücklegen** erfolgt, da die Wahrscheinlichkeit für einen Treffer bzw. eine Niete pro Durchgang unverändert bleiben muss.

Beispiel

Welche der Zufallsexperimente sind keine Bernoulli-Ketten? Begründen Sie Ihre Entscheidung. Geben Sie andernfalls – wenn möglich – die Länge n und den Parameter p an.

a) Aus einer Urne mit 12 schwarzen und 15 grünen Kugeln werden nacheinander vier Kugeln gezogen, beiseitegelegt und jeweils festgestellt, ob sie grün ist.

b) Karl wirft 9-mal ein Tetraeder, bei dem eine Fläche rot und die anderen schwarz lackiert sind. Er stellt fest, ob eine schwarze Fläche verdeckt ist.

c) Ein Glücksrad mit drei gleich großen Sektoren in den Farben blau, grün und gelb wird 10-mal gedreht und festgestellt, ob der Zeiger einmal im blauen Sektor stehen bleibt.

d) Aus einer Produktion eines Massenartikels werden 20 Teile entnommen und festgestellt, ob sie jeweils brauchbar sind.

Lösung:

a) Es handelt sich um **keine** Bernoulli-Kette, da hier ohne Zurücklegen gezogen wird. Deshalb ändert sich pro Zug die Wahrscheinlichkeit für eine gezogene grüne Kugel.

b) **Bernoulli-Kette** der Länge n = 9 und $p = \frac{3}{4}$.

c) **Bernoulli-Kette** der Länge n = 10 und $p = \frac{1}{3}$.

d) Genau genommen wird hier ohne Zurücklegen gezogen. Falls jedoch die Zahl der Teile sehr groß ist, kann man das Entnehmen von 20 Teilen näherungsweise als Ziehen mit Zurücklegen auffassen. Es handelt sich dann um eine **Bernoulli-Kette** der Länge 20. Der Parameter p ist jedoch unbekannt.

Aufgaben **96.** Entscheiden Sie jeweils, ob es sich um ein Bernoulli-Experiment handelt. Begründen Sie Ihre Entscheidung.

a) Bevor eine Person Blut spendet, wird die Blutgruppe bestimmt.

b) Ronaldo tritt zu einem Elfmeterduell an.

c) Eine Person wird befragt, ob sie schon einmal die Piraten-Partei gewählt hat.

d) Ein Schüler wird befragt, mit welchem Verkehrsmittel er in die Schule kommt.

97. Welche der Zufallsexperimente sind keine Bernoulli-Ketten? Kreuzen Sie an und begründen Sie Ihre Entscheidung. Geben Sie – wenn möglich – die Länge n und die Trefferwahrscheinlichkeit p an.

		Bernoulli-Kette?	
		ja	nein
a	Ein Würfel wird dreimal geworfen und die Augensumme festgestellt.	☐	☐
b	Erfahrungsgemäß landen bei Sandra 25 % aller erhaltenen E-Mails im Spam-Ordner. Gestern bekam sie mal wieder 35 Mails.	☐	☐
c	Bei einem Gartenfest stellt ein Mathelehrer fest, wie viele der anwesenden 50 Gäste am gleichen Tag wie er Geburtstag haben.	☐	☐
d	In der Bundesrepublik sind 20 % der Bevölkerung Linkshänder. Die 26 Schüler in einer Klasse werden befragt, ob sie Rechtshänder sind.	☐	☐
e	Ein Würfel wird so lange geworfen, bis die 1 erscheint. Gezählt wird die Zahl der Würfe.	☐	☐

98. Aus zwanzig Kandidaten soll ein Führungstrio gebildet werden.

a) Entspricht dies im Urnenmodell einem Ziehen
   - … ohne Zurücklegen mit Beachtung der Reihenfolge?
   - … mit Zurücklegen mit Beachtung der Reihenfolge?
   - … ohne Zurücklegen ohne Beachtung der Reihenfolge?
   - … mit Zurücklegen ohne Beachtung der Reihenfolge?

b) Begründen Sie, ob es sich um eine Bernoulli-Kette handelt. Geben Sie die Anzahl aller Möglichkeiten an, wie das Trio zusammengesetzt sein kann.

99. Beschreiben Sie ein Urnen-Experiment, mit dem eine Bernoulli-Kette mit der Länge $n = 15$ und $p = 23,5 \%$ realisiert werden kann.

2 Die Binomialverteilung – Wahrscheinlichkeit für genau k Treffer

Für eine Bernoulli-Kette der Länge n kann man mithilfe eines Baumdiagramms für alle Werte $k \in \{0; 1; 2; ...; n\}$ die Wahrscheinlichkeit $P(Z=k)$ berechnen.

Beispiel

Die Familie Schuster hat drei Kinder. Die Zufallsgröße Z sei die Anzahl der Mädchen. Die Wahrscheinlichkeit für eine Mädchengeburt sei stets 49 %. Berechnen Sie die Wahrscheinlichkeit für

a) kein Mädchen.

b) genau ein Mädchen.

c) genau zwei Mädchen.

d) nur Mädchen.

Lösung:

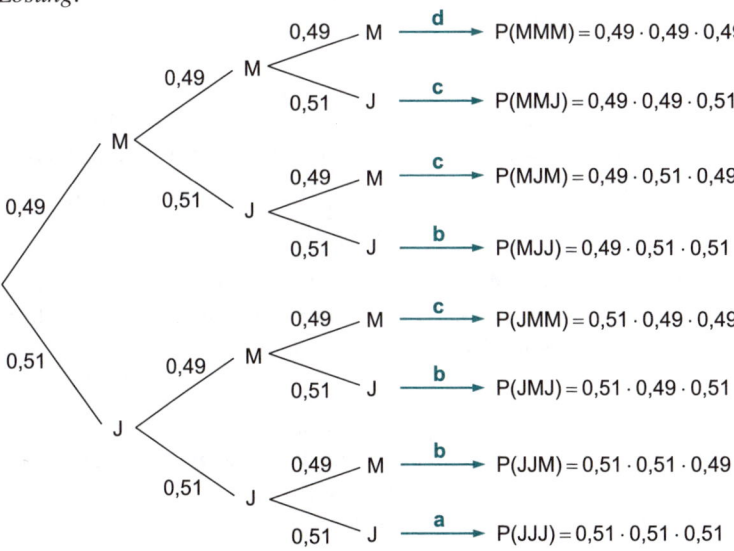

a) Das zugehörige Tupel ist JJJ.
$$P(Z=0) = 0,51^3 \approx 13,3\,\%$$

b) Die zugehörigen Tupel sind MJJ, JMJ und JJM. Jedes dieser Tupel hat die gleiche Wahrscheinlichkeit $0,49 \cdot 0,51^2$.
$$P(Z=1) = 3 \cdot 0,49 \cdot 0,51^2 \approx 38,2\,\%$$

c) Die zugehörigen Tupel sind MMJ, MJM und JMM. Jedes dieser Tupel hat die gleiche Wahrscheinlichkeit $0,49^2 \cdot 0,51$.
$$P(Z=2) = 3 \cdot 0,49^2 \cdot 0,51 \approx 36,7\,\%$$

d) Das zugehörige Tupel ist MMM.
$$P(Z=3) = 0{,}49^3 \approx 11{,}8\,\%$$

Im Beispiel war dieses ausführliche Rechnen noch durchführbar, doch wie sähe es mit einer Bernoulli-Kette der Länge n = 10 aus? Ist dann noch jemand gewillt, das zugehörige Baumdiagramm zu zeichnen, um die Anzahl der passenden Pfade herauszufinden? Diesen Aufwand muss niemand betreiben, denn die **Rechnung** aus dem Beispiel lässt sich mithilfe der in den vorherigen Kapiteln bereits gelernten Grundlagen leicht **verallgemeinern**:

- Das Tupel (TTTT … TNN … N) mit k Treffern gefolgt von n − k Nieten hat die Wahrscheinlichkeit $p^k \cdot q^{n-k}$ mit q = 1 − p.
- Jedes andere Tupel mit ebenfalls k Treffern in irgendeiner anderen Reihenfolge hat ebenfalls diese Wahrscheinlichkeit.
- Man wählt aus den n Plätzen des Tupels k Plätze für die Treffer aus.
  Die Anzahl dieser Tupel ist $\binom{n}{k} = \frac{n!}{k! \cdot (n-k)!}$ (siehe Seite 56).

Definition

> Wenn die Zufallsgröße Z die Zahl der Treffer einer Bernoulli-Kette der Länge n und der Trefferwahrscheinlichkeit p ist, dann werden genau k Treffer mit der Wahrscheinlichkeit
>
> $$P(Z=k) = \binom{n}{k} \cdot p^k \cdot q^{n-k} \quad \text{mit } q = 1-p \text{ und } k \in \{0;\ 1;\ 2;\ \ldots;\ n\}$$
>
> erzielt. Für diesen Term schreibt man kurz **B(n; p; k)** oder auch $\mathbf{B_p^n(k)}$.
> Eine Wahrscheinlichkeitsverteilung, welche durch den Term B(n; p; k) beschrieben werden kann, heißt **Binomialverteilung**.

Obwohl sich die Werte B(n; p; k) mit dem Taschenrechner leicht berechnen lassen, sind sie für ausgewählte n und p in **Stochastiktabellen** abgedruckt. Doch wie liest man die Werte aus solchen Stochastiktabellen ab?
In Bayern sind derzeit zwei Stochastiktabellen zugelassen:
- das Tafelwerk zur Stochastik vom bsv (grüner Einband) sowie
- die Tabellen zur Stochastik von Oldenbourg (lila Einband)

Der Umgang mit den beiden Tafelwerken wird im Folgenden aufgezeigt, wobei an dieser Stelle nur auf die Binomialverteilung für genau k Treffer eingegangen wird. Wie man die Werte der kumulativen Binomialverteilungsfunktion abliest, erfolgt in Unterkapitel 4 auf den Seiten 98 und 99.

Hinweis: Arbeiten Sie im Unterricht mit einem CAS, so können Sie die gesuchten Werte der Binomialverteilung von diesem berechnen lassen.

Tafelwerk zur Stochastik vom bsv

n	k	p=0,05		p=0,10	
		B(n; p; k)	$\sum_{i=0}^{k} B(n; p; i)$	B(n; p; k)	$\sum_{i=0}^{k} B(n; p; i)$
3	0	0,85738	0,85738	0,72900	0,72900
	1	0,13538	0,99275	0,24300	0,97200
	2	**0,00713**	0,99988	0,02700	0,99900
	3	0,00013	1,00000	0,00100	1,00000
4	0	0,81451	0,81451	0,65610	0,65610
	1	0,17148	0,98598	0,29160	0,94770
	2	0,01354	0,99952	0,04860	0,99630
	3	0,00048	0,99999	0,00360	0,99990
	4	0,00001	1,00000	0,00010	1,00000

↑ Ketten-länge   ↑ Treffer-anzahl   ↑ Wahrscheinlichkeit für genau k Treffer bei p=0,05   ↑ Wahrscheinlichkeit für genau k Treffer bei p=0,10

Allgemein: Suche ganz zu Beginn die Seite mit passendem n und p.

Beispiel 1: Wahrscheinlichkeit B(n; p; k) gesucht

Was ist **B(3; 0,05; 2)**? – Folge der durchgezogenen Pfeillinie!

- Suche in der 1. Zeile nach p=0,05.
- Suche in der 1. Spalte nach n=3.
- Suche in der 2. Spalte nach k=2.
- Lies in der 3. Spalte den Wert rechts daneben ab.

⇒ B(3; 0,05; 2)=**0,00713**=0,713 %

Beispiel 2: Trefferanzahl k gesucht

Für welches k gilt **B(4; 0,10; k) = 0,2916**? – Folge der gestrichelten Pfeillinie!

- Suche in der 1. Zeile nach p=0,10.
- Suche in der 1. Spalte nach n=4.
- Suche in der 5. Spalte nach 0,2916.
- Gehe horizontal nach links und lies das zugehörige k ab.

⇒ B(4; 0,10; **1**)=0,29160=29,16 %

Tabellen zur Stochastik von Oldenbourg

n \ k \ p		0,01	0,02	0,03	
3	0	97030	94119	91267	3
	1	02940	05762	08468	2
	2	**00030**	00118	00262	1
	3	00000	00008	00003	0
4	0	96060	92237	88529	4
	1	03881	07530	(10952)	3
	2	00056	00230	00508	2
	3	00000	00003	00010	1
	4		00000	00000	0
n		0,99	0,98	0,97	p \ k

↑ Ketten-länge ↑ Treffer-anzahl ↑ Wahrscheinlichkeit für genau k Treffer bei p = 0,01 bzw. p = 0,99 ↑ Treffer-anzahl

---

Allgemein: Suche ganz zu Beginn die Seite mit passendem n und p. Achte darauf, dass du auf den vorderen Seiten bei B(n; p; k) suchst.

Beispiel 1: Wahrscheinlichkeit B(n; p; k) gesucht

Was ist **B(3; 0,01; 2)**? – Folge der durchgezogenen Pfeillinie!

- Suche in der 1. Zeile nach p = 0,01.
- Suche in der 1. Spalte nach n = 3.
- Suche in der 2. Spalte nach k = 2.
- Lies in der 3. Spalte den Wert rechts daneben ab und setze das Komma davor.

⇒ B(3; 0,01; 2) = 0,**00030** = 0,03 %

Beispiel 2: Trefferanzahl k gesucht

Für welches k gilt **B(4; 0,97; k) = 0,10952**? – Folge der gestrichelten Pfeillinie!

- Denke dir von 0,10952 das Komma und die 0 davor weg und suche nach 10952.
- Suche in der letzten Zeile nach p = 0,97. Alle Werte p > 0,5 stehen dort unten.
- Suche in der 1. Spalte nach n = 4.
- Suche in der 5. Spalte nach 10952.
- Gehe horizontal nach rechts und lies das zugehörige k ab.

⇒ B(4; 0,97; **3**) = 0,10952 = 10,952 %

Beispiele

1. Unter den Fahrgästen einer Buslinie sind erfahrungsgemäß 2 % Schwarz-
fahrer. Es werden 100 Personen kontrolliert.
Bestimmen Sie mit dem Taschenrechner die Wahrscheinlichkeit, dass
8 Fahrgäste keine gültige Fahrkarte haben, und überprüfen Sie Ihr Ergebnis mit der Stochastiktabelle.

Lösung:

Z sei die Zufallsgröße „Fahrgast fährt schwarz". Bei der Aufgabenstellung handelt es sich in guter Näherung um eine Bernoulli-Kette mit
n = 100, p = 0,02 und **k = 8**.

$$P(Z = 8) = \mathbf{B(100;\ 0,02;\ 8)} = \binom{100}{8} \cdot 0,02^8 \cdot 0,98^{92} \approx 0,0007426$$

Wert aus der Tabelle: 0,00074

Bemerkung: Die Werte der Tabellen sind stets auf 5 Dezimalen genau angegeben. Mit diesen Werten darf uneingeschränkt weitergerechnet werden.

2. Ermitteln Sie mithilfe der Tabelle:

   a) $B(10;\ 0,45;\ k) = 0,15957$

   b) $B(50;\ 0,6;\ k) = 0,11456$

   c) Bei einer Tombola kauft Britta 20 Lose. Der Veranstalter garantiert:
   „Jedes dritte Los gewinnt."
   Interpretieren Sie die Aussage des Veranstalters als Wahrscheinlichkeit für einen Gewinn und ermitteln Sie, welche Anzahl an Gewinn-
   losen für Britta am wahrscheinlichsten ist.

   Lösung:

   a) $k = 6$

   b) $k = 30$

   c) Wenn jedes dritte Los gewinnt, dann zieht man mit der Wahrscheinlichkeit $\frac{1}{3}$ einen Gewinn.
   Gesucht ist ein k so, dass die Wahrscheinlichkeit $B\left(20;\ \frac{1}{3};\ k\right)$ den
   größten Wert annimmt.
   In der zu $n = 20$ und $p = \frac{1}{3}$ gehörigen Spalte findet man im Tafelwerk
   als größten Wert 0,18213. Er tritt sowohl für $k = 6$ als auch für $k = 7$
   auf. Am häufigsten sind unter den 20 Losen also 6 oder 7 Gewinnlose.

Aufgaben **100.** Ein Sportverein benötigt zur Durchführung eines Turniers 40 Badminton-
bälle. Da erfahrungsgemäß 2 % unbrauchbar sind, kauft der Übungsleiter
vorsorglich 42 Bälle.
Ermitteln Sie die Wahrscheinlichkeit, dass genau 40 Bälle brauchbar sind.

101. Aus einer Schale mit drei farbigen und fünf weißen Kugeln werden drei Kugeln mit Zurücklegen gezogen. Hannes interessiert sich für das Ereignis „Zwei weiße und eine farbige Kugel werden gezogen.", Nikolas für das Ereignis „Es werden drei weiße Kugeln gezogen.".
Kreuzen Sie an, welche Terme die Wahrscheinlichkeit des Ereignisses von Hannes bzw. von Nikolas beschreiben.

$\frac{5}{8} \cdot \frac{5}{8} \cdot \frac{3}{8}$	$B(3; 0{,}625; 2)$	$3 \cdot \frac{5}{8} \cdot \frac{5}{8} \cdot \frac{3}{8}$
☐ Hannes ☐ Nikolas	☐ Hannes ☐ Nikolas	☐ Hannes ☐ Nikolas
$\dfrac{\binom{3}{1} \cdot \binom{5}{2}}{\binom{8}{3}}$ ☐ Hannes ☐ Nikolas		$3 \cdot \frac{5}{8} \cdot \frac{4}{7} \cdot \frac{3}{6}$ ☐ Hannes ☐ Nikolas
$B(3; 0{,}625; 3)$ ☐ Hannes ☐ Nikolas	$B(3; 0{,}625; 0)$ ☐ Hannes ☐ Nikolas	$B(3; 0{,}375; 0)$ ☐ Hannes ☐ Nikolas

102. Gegeben sind ein L-Würfel und die beiden Ereignisse
A: „Bei 20 Würfen genau 5 Sechser erzielen."
B: „Bei 50 Würfen genau 41-mal keine Sechs werfen."

a) Ermitteln Sie, welches der Ereignisse wahrscheinlicher ist.

b) Geben Sie an, welche Anzahl an Sechsern bei 50 Würfen am wahrscheinlichsten ist.

103. Familie Diamantis verbringt auf der Peloponnes ihren sechswöchigen Sommerurlaub und weiß aus Erfahrung, dass die Regenwahrscheinlichkeit während dieser Zeit im langjährigen Durchschnitt pro Tag bei 5 % liegt.
Berechnen Sie die Wahrscheinlichkeit, mit der sie in ihrem Urlaub (ohne An- und Abreisetag) genau vier Regentage erlebt.

3 Einfluss von n und p auf das Histogramm

Durch die Kettenlänge n und den Parameter p ist die Binomialverteilung festgelegt. Die folgenden Darstellungen zeigen, wie sich das Variieren der Parameter
n und p auf das Aussehen des Histogramms auswirkt.

- **Änderung von p bei festem**
  n (hier $n = 20$)
  Für wachsende p wandert
  das Maximum nach rechts.
  Es ist etwa an der Stelle
  $n \cdot p$.

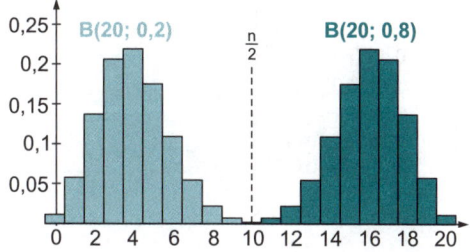

Für p_1 und $p_2 = 1 - p_1$ sind
die Histogramme symme-
trisch zu $\frac{n}{2}$.
$B(n; p; k) = B(n; 1 - p; n - k)$

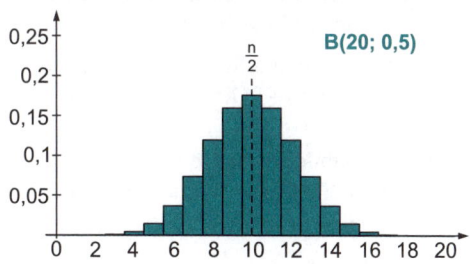

Für $p = 0{,}5$ ist das Histogramm achsensymmetrisch
zu $\frac{n}{2}$.
Das Maximum ist am kleinsten und die Verteilung am
breitesten.

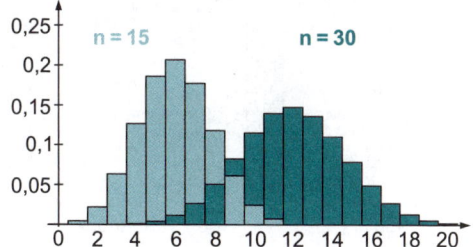

- **Änderung von n bei festem**
  p (hier $p = 0{,}4$)
  Für größere n werden die
  Maxima kleiner und wan-
  dern nach rechts. Die Säu-
  len werden niedriger und
  das Histogramm breiter.

Aufgaben **104.** Die Zufallsgröße X ist binomialverteilt mit n = 10 und p = 0,4. Gegeben sind vier Histogramme (siehe Abbildungen 1 bis 4).

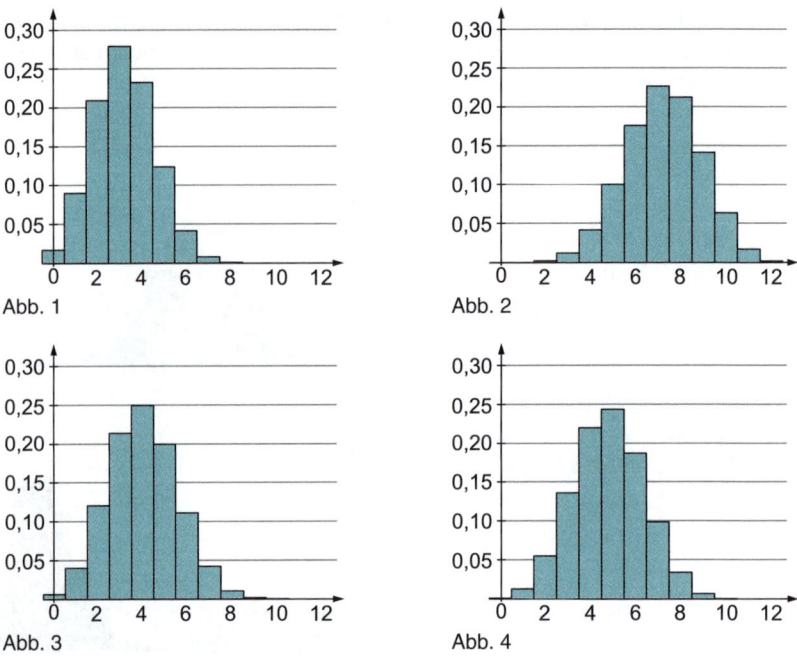

Abb. 1 Abb. 2

Abb. 3 Abb. 4

a) Welche der Abbildungen beschreibt die Wahrscheinlichkeitsverteilung von X? Begründen Sie Ihre Entscheidung.

b) Bestimmen Sie in Abb. 2 näherungsweise die Wahrscheinlichkeit P(X = 5) + P(X = 6) + P(X = 7).

105. Die Abbildungen 1 bis 3 zeigen die Histogramme von Binomialverteilungen für die Trefferwahrscheinlichkeiten 0,4 und 0,6 und 0,84.

Geben Sie die Werte von p_1, p_2 und p_3 an und begründen Sie Ihre Wahl.

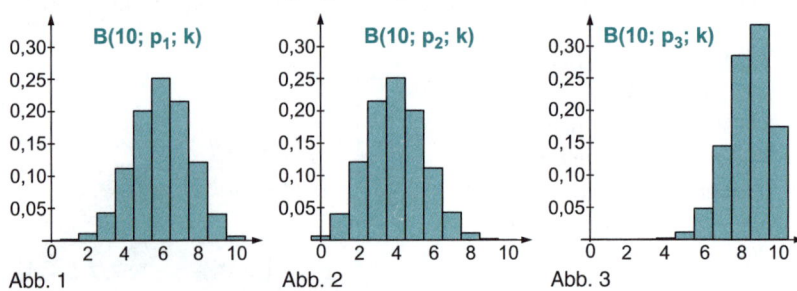

Abb. 1 Abb. 2 Abb. 3

106. Die Abbildungen zeigen die Histogramme von Binomialverteilungen der Längen 6 und 9 und 12.
Geben Sie die Werte von n_1, n_2 und n_3 an und begründen Sie Ihre Wahl.

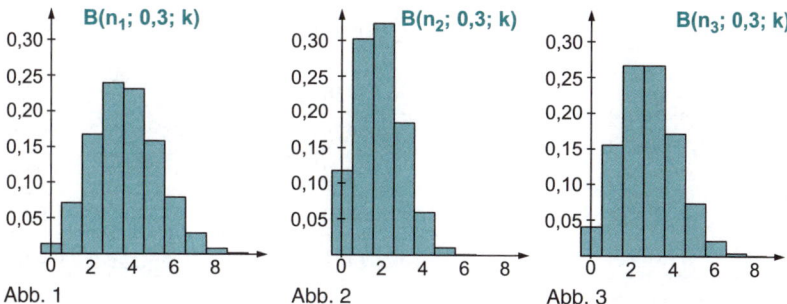

Abb. 1   Abb. 2   Abb. 3

4 Kumulative Binomialverteilung – Wahrscheinlichkeit eines Trefferbereichs

Karl dreht 15-mal an einem Glücksrad mit zwei Sektoren. Der farbige Sektor hat einen Winkel von 120°. Der andere Sektor ist grau. Zeigt der Pfeil auf den farbigen Sektor, so gewinnt Karl. Wie groß ist die Wahrscheinlichkeit, dass Karl höchstens 4-mal gewinnt?

Was bedeutet „höchstens 4-mal"? Und wie kann man die gesuchte Wahrscheinlichkeit mithilfe der Binomialverteilung berechnen?

Definition

In einer Bernoulli-Kette der Länge n mit Trefferwahrscheinlichkeit p ist die Wahrscheinlichkeit, dass **höchstens k Treffer** eintreten:

$$P(Z \le k) = \sum_{i=0}^{k} B(n; p; i) = B(n; p; 0) + B(n; p; 1) + \ldots + B(n; p; k)$$

Diese aufsummierte Wahrscheinlichkeit von 0 bis k Treffern heißt **kumulative Binomialverteilung**. Für $P(Z \le k)$ schreibt man kurz $F_p^n(k)$ oder $F(n; p; k)$.

Für viele Werte von n und p kann $F_p^n(k)$ in der **Stochastiktabelle der kumulativen Binomialverteilung** abgelesen werden.

Tafelwerk zur Stochastik vom bsv

n	k	p=0,05		p=0,10	
		$B(n; p; k)$	$\sum_{i=0}^{k} B(n; p; i)$	$B(n; p; k)$	$\sum_{i=0}^{k} B(n; p; i)$
3	0	0,85738	0,85738	0,72900	0,72900
	1	0,13538	0,99275	0,24300	0,97200
	2	0,00713	**0,99988**	0,02700	0,99900
	3	0,00013	1,00000	0,00100	1,00000
4	0	0,81451	0,81451	0,65610	0,65610
	1	0,17148	0,98598	0,29160	0,94770
	2	0,01354	0,99952	0,04860	0,99630
	3	0,00048	0,99999	0,00360	0,99990
	4	0,00001	1,00000	0,00010	1,00000

↑   ↑   ↑   ↑

Ketten-   Treffer-   Wahrscheinlichkeit   Wahrscheinlichkeit

länge   anzahl   für höchstens   für höchstens

k Treffer bei   k Treffer bei

p=0,05   p=0,10

<u>Allgemein:</u> Suche ganz zu Beginn die Seite mit passendem n und p.

<u>Beispiel 1:</u> Wahrscheinlichkeit $F_p^n(k)$ gesucht

Was ist $F_{0,05}^3(2)$? – Folge der durchgezogenen Pfeillinie!

- Suche in der 1. Zeile nach p=0,05.
- Suche in der 1. Spalte nach n=3.
- Suche in der 2. Spalte nach k=2.
- Lies in der 4. Spalte den Wert rechts daneben ab.

$\Rightarrow$ $F_{0,05}^3(2) = $ **0,99988** $= 99,988\ \%$

<u>Beispiel 2:</u> Trefferanzahl k gesucht

Für welche k gilt $F_{0,10}^4(k) < 0,95$? – Folge der gestrichelten Pfeillinie!

- Suche in der 1. Zeile nach p=0,10.
- Suche in der 1. Spalte nach n=4.
- Suche in der 6. Spalte nach Werten kleiner als 0,95.
- Gehe jeweils horizontal nach links und lies die zugehörigen k ab.

$\Rightarrow$ k = 0 und k = 1

Tabellen zur Stochastik von Oldenbourg

n k \ p	0,01	0,02	0,03	p \ k
3 0	97030	94119	91267	0
1	**99970**	99882	99735	1
2		99999	99997	2
4 0	96060	92237	88529	0
1	99941	99766	99481	1
2		99997	99989	2
3				3

↑ Kettenlänge ↑ Trefferanzahl ↑ Wahrscheinlichkeit für höchstens k Treffer bei p = 0,01 ↑ Trefferanzahl

<u>Allgemein:</u> Suche ganz zu Beginn die Seite mit passendem n und p. Achte darauf, dass du auf den hinteren Seiten bei $F_p^n(k)$ suchst.

Zellen zwischen den grauen Spalten, in denen keine Werte stehen, haben stets den Wert 0 oder 1. k = n ist nicht gelistet, da die Summe über alle Wahrscheinlichkeiten der Wahrscheinlichkeitsverteilung ohnehin 1 ist.

<u>Beispiel 1:</u> Wahrscheinlichkeit $F_p^n(k)$ gesucht

Was ist $\mathbf{F_{0,01}^3(1)}$? – Folge der durchgezogenen Pfeillinie!

- Suche in der 1. Zeile nach p = 0,01.
- Suche in der 1. Spalte nach n = 3.
- Suche in der 2. Spalte nach k = 1.
- Lies in der 3. Spalte den Wert rechts daneben ab und setze das Komma davor.

⇒ $F_{0,01}^3(1) = 0,\mathbf{99970} = 99,97\,\%$

<u>Beispiel 2:</u> Trefferanzahl k gesucht

Für welche k gilt $\mathbf{F_{0,03}^4(k) < 0,95}$? – Folge der gestrichelten Pfeillinie!

- Denke dir von 0,95 das Komma und die 0 davor weg, füge in Gedanken 3 Endnullen an (5 Dezimalen!) und suche nach Werten kleiner 95000.
- Suche in der 1. Zeile nach p = 0,03.
- Suche in der 1. Spalte nach n = 4.
- Suche in der 5. Spalte nach Werten kleiner 95000.
- Gehe horizontal nach rechts und lies das zugehörige k ab.

⇒ k = 0

Beispiele

1. Berechnen Sie die Wahrscheinlichkeit, dass Karl höchstens 4-mal gewinnt, wenn er ein Glücksrad 15-mal dreht und ein Gewinn bei „farbiger Sektor" (120°) auftritt.

   Lösung:

   Ist Z die Zahl der Gewinne, so gilt mit $p = \frac{120°}{360°} = \frac{1}{3}$:

   $$P(Z \le 4) = \sum_{i=0}^{4} B\left(15; \tfrac{1}{3}; i\right) = F_{\frac{1}{3}}^{15}(4) = 0{,}40406$$

   Mit einer Wahrscheinlichkeit von etwa 40 % gewinnt Karl höchstens 4-mal.

2. Gegeben ist die rechts abgebildete Schale mit 10 Kugeln.

   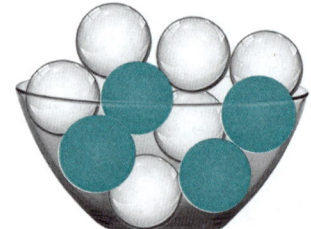

   a) Beschreiben Sie für diese Schale ein Zufallsexperiment und ein Ereignis mit der Wahrscheinlichkeit $F_{0,4}^{20}(5)$.

   b) Ermitteln Sie zudem diesen Wert.

   Lösung:

   a) $F_{0,4}^{20}(5)$ gibt die Wahrscheinlichkeit an, dass bei einer Bernoulli-Kette der Länge 20 und der Trefferwahrscheinlichkeit 0,4 **höchstens 5 Treffer** erzielt werden. 0,4 ist die Wahrscheinlichkeit, eine farbige Kugel zu ziehen, da $p = \frac{4}{10} = 0{,}4$.

      Zufallsexperiment: 20-mal aus der Schale mit Zurücklegen ziehen

      Ereignis: höchstens fünf farbige Kugeln ziehen

   b) In der Tabelle für $F_{0,4}^{20}(5)$ findet man den Wert 0,12560.

Neben dem Aufgabentyp „höchstens k Treffer", also $P(Z \le k)$, gibt es auch Aufgaben der Art:

- „**weniger als** k Treffer", also Treffer von 0 bis $k-1$

  $P(Z < k) = P(Z \le k-1) = F_p^n(k-1)$

  z. B. $P(Z < 6) = P(Z \le 5) = F_{0,5}^{10}(5)$

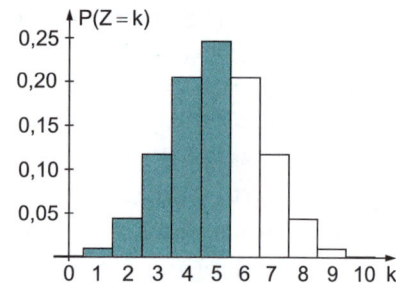

- „**mehr als** k Treffer" ist das Gegenereignis von „höchstens k Treffer"

  $P(Z > k) = 1 - P(Z \leq k)$
  $\qquad\quad = 1 - F_p^n(k)$

  z. B. $P(Z > 6) = 1 - P(Z \leq 6)$
  $\qquad\qquad\qquad = 1 - F_{0,5}^{10}(6)$

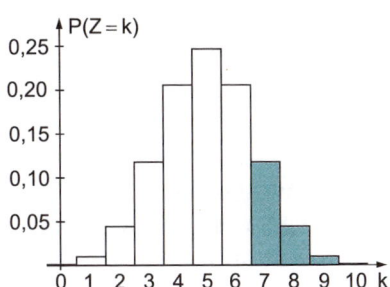

- „**mindestens** k Treffer" ist das Gegenereignis von „weniger als k Treffer"

  $P(Z \geq k) = 1 - P(Z < k)$
  $\qquad\quad = 1 - P(Z \leq k - 1)$
  $\qquad\quad = 1 - F_p^n(k - 1)$

  z. B. $P(Z \geq 6) = 1 - P(Z < 6)$
  $\qquad\qquad\qquad = 1 - P(Z \leq 5)$
  $\qquad\qquad\qquad = 1 - F_{0,5}^{10}(5)$

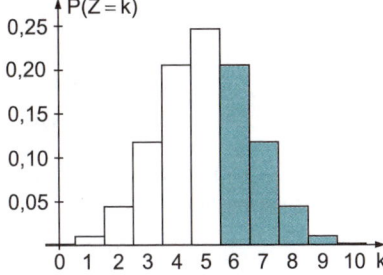

- „**mehr als a** Treffer, aber **weniger
  als b**"

  $P(a < Z < b)$
  $= P(Z \leq b - 1) - P(Z \leq a)$

  z. B. $P(2 < Z < 8)$
  $\qquad = P(Z \leq 7) - P(Z \leq 2)$

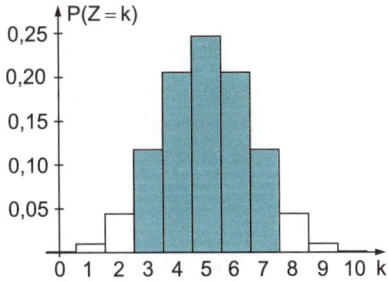

- „**mindestens a** Treffer, aber
  höchstens b"

  $P(a \leq Z \leq b)$
  $= P(Z \leq b) - P(Z \leq a - 1)$

  z. B. $P(2 \leq Z \leq 8)$
  $\qquad = P(Z \leq 8) - P(Z \leq 1)$

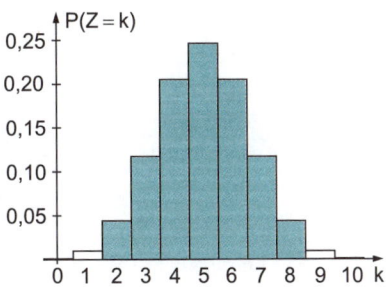

Achten Sie auf die jeweilige Formulierung und darauf, bis zu welcher rechten
Grenze der Bereich gehört und welcher Bereich links wegzunehmen ist.

1. Veronika wirft 23-mal auf einen Basketballkorb. Erfahrungsgemäß hat sie eine Trefferwahrscheinlichkeit von 25 % pro Wurf.
   Bestimmen Sie die Wahrscheinlichkeit, dass Veronika weniger als 2 Treffer erzielt.

   Lösung:
   „**Weniger als 2** Treffer" bedeutet: „**Kein** Treffer" oder „**genau 1** Treffer". Weder die Werte B(23; 0,25; 0) und B(23; 0,25; 1) noch $F_{0,25}^{23}(1)$ sind tabelliert.
   Deswegen muss man die Berechnung mit dem Taschenrechner durchführen:

   $$P(Z < 2) = P(Z \le 1) = B(23; 0,25; 0) + B(23, 0, 25; 1)$$
   $$= \binom{23}{0} \cdot 0,25^0 \cdot 0,75^{23} + \binom{23}{1} \cdot 0,25^1 \cdot 0,75^{22}$$
   $$\approx 0,012 = 1,2 \%$$

   Mit einer Wahrscheinlichkeit von etwa 1,2 % trifft Veronika weniger als zweimal in den Korb.

2. 65 % aller Personenautos, die beim TÜV vorfahren, erhalten bei der ersten Vorführung ohne Beanstandung die Plakette.

   a) In einem bestimmten Zeitraum werden 50 Autos überprüft.
      Ermitteln Sie die Wahrscheinlichkeit, dass mindestens 30, aber weniger als 36 Autos die Plakette sofort erhalten.

   b) Berechnen Sie, wie viele Autos sich beim TÜV mindestens anmelden müssen, sodass mit einer Wahrscheinlichkeit von mindestens 99 % mindestens ein Auto sofort eine Plakette erhält.

   Lösung:
   a) Die Zufallsgröße Z sei als „Zahl der Autos mit sofortiger Plakette" definiert. Dann ist eine Bernoulli-Kette der Länge n = 50 mit Trefferwahrscheinlichkeit p = 0,65 gegeben.

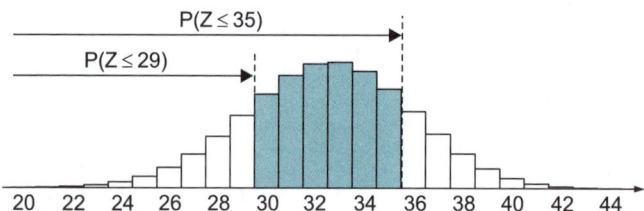

   Die gesuchte Wahrscheinlichkeit ergibt sich aus allen farbig markierten Balken.

   $$P(30 \le Z < 36) = P(Z \le 35) - P(Z \le 29) = F_{0,65}^{50}(35) - F_{0,65}^{50}(29)$$
   $$= 0,81222 - 0,18605 = 0,62617 \approx 62,6 \%$$

b) Hier liegt eine **Drei-Mindestens-Aufgabe** vor, bei der man immer das Gegenereignis zum Berechnen verwendet, denn es gilt stets:
P(mindestens ein ...) = 1 – P(kein ...)

Übersetzt man den Sachverhalt aus der Angabe und nutzt man die in Teilaufgabe a definierte Zufallsgröße Z mit unbekannter Länge n und Trefferwahrscheinlichkeit p = 0,65, so erhält man:

$$\mathbf{P(Z \geq 1) = 1 - P(Z = 0)} = 1 - B(n;\, 0,65;\, 0)$$

$$= 1 - \binom{n}{0} \cdot 0,65^0 \cdot 0,35^n = 1 - 0,35^n$$

Diese Wahrscheinlichkeit soll mindestens 99 % sein:

$$1 - 0,35^n \geq 0,99$$

$$0,35^n \leq 0,01$$

$$n \cdot \lg 0,35 \leq \lg 0,01 \qquad \Big|: \lg 0,35 < 0 \Rightarrow \text{Ungleichheitszeichen dreht sich um!}$$

$$n \geq \frac{\lg 0,01}{\lg 0,35}$$

$$n \geq 4,39$$

Wenn sich mindestens 5 Autos anmelden, so erhält mit einer Wahrscheinlichkeit von mindestens 99 % mindestens eines der Autos sofort eine Plakette.

Aufgaben **107.** Am Winterwandertag fahren 200 Schüler des Laplace-Gymnasiums für einen Tag zum Skifahren in die Berge. Nehmen Sie pro Person ein Verletzungsrisiko von 1 % an.

a) Ermitteln Sie die Wahrscheinlichkeit dafür, dass mindestens drei verletzte Schüler die Heimfahrt antreten.

b) Berechnen Sie die Wahrscheinlichkeit dafür, dass alle Schüler unverletzt bleiben.

c) Eine andere Gruppe von 130 Schülern betreibt an diesem Tag eine ungefährlichere Sportart, bei der das Verletzungsrisiko nur 0,1 % beträgt. Berechnen Sie die Wahrscheinlichkeit dafür, dass sich höchstens einer dieser Schüler verletzt.

108. Ermitteln Sie sowohl für die Grafik als auch für die Tabelle die Länge n der Bernoulli-Kette und die Trefferwahrscheinlichkeit p.

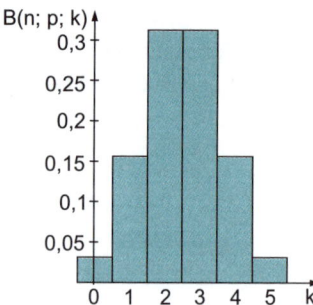

Trefferanzahl k	B(n; p; k)
0	0,00032
1	0,00640
2	0,05120
3	0,20480
4	0,40960
5	0,32768

109. Von den 1,4 Mio. Einwohnern Münchens sind schätzungsweise noch 10 % echte Bayern.
Bestimmen Sie die Wahrscheinlichkeit dafür, dass von 100 zufällig ausgewählten Münchnern mindestens 8, aber höchstens 12 echte Bayern sind.

110. Schreiben Sie die Buchstaben in das passende Kästchen.

A $F_p^n(40) - F_p^n(35)$ ☐ $P(35 < X < 40)$

B $F_p^n(39) - F_p^n(35)$ ☐ $P(35 \leq X \leq 40)$

C $F_p^n(40) - F_p^n(34)$ ☐ $P(35 \leq X < 40)$

D $F_p^n(39) - F_p^n(34)$ ☐ $P(35 < X \leq 40)$

111. Während der Mittagszeit wird bei einer Hotline erfahrungsgemäß nur jeder dritte Telefonanruf entgegengenommen.

a) Ermitteln Sie die Wahrscheinlichkeit dafür, dass von 20 Anrufen mindestens 5, aber höchstens 10 Anrufe entgegengenommen werden.

b) Berechnen Sie, wie viele Personen mindestens anrufen müssen, damit mit einer Wahrscheinlichkeit von mindestens 99 % wenigstens ein Anruf entgegengenommen wird.

112. 2013 haben sich bei einem Bürgerentscheid 54,3 % der Wahlberechtigten gegen den Bau einer 3. Startbahn am Flughafen München ausgesprochen.
Geben Sie in diesem Sachzusammenhang die Ereignisse A bzw. B in Worten an, wenn für ihre Wahrscheinlichkeiten gilt:

$P(A) = 0,457^8$ und $P(B) = \binom{36}{7} \cdot 0,543^7 \cdot 0,457^{29}$

113. Beim Kauf von Luftballons sind erfahrungsgemäß 5 % der Ballons unbrauchbar. Die SMV benötigt für die Dekoration beim Schulfasching genau 180 einwandfreie Luftballons. Vorsorglich kauft die SMV 200 Stück.

a) Ermitteln Sie die Wahrscheinlichkeit, dass die Ballons nicht reichen.

b) Berechnen Sie die Wahrscheinlichkeit dafür, dass genau zwei Ballons am Ende fehlen.

114. Ein Wanderverein hat 25 weibliche und 15 männliche Mitglieder. Man nehme an, dass alle 40 Mitglieder unabhängig voneinander und mit jeweils 70 %iger Wahrscheinlichkeit zur monatlichen Vereinssitzung kommen.

a) Bestimmen Sie die Wahrscheinlichkeit, dass bei einer Sitzung von den Damen genau 5 fehlen.

b) Zeigen Sie, dass mit einer Wahrscheinlichkeit von 17 % bei einer Sitzung von den Männern genau 3 durch Abwesenheit glänzen.
Wie errechnet sich dann die Wahrscheinlichkeit dafür, dass genau 3 Männer und genau 5 Damen fehlen?

c) Geben Sie im Sachzusammenhang jeweils eine Fragestellung an, deren Beantwortung auf den jeweiligen Term führt.

① $0,7^{40}$ ② $1 - F_{0,3}^{15}(8)$ ③ $F_{0,3}^{25}(4) \cdot B(15; 0,7; 6)$

115. Bernhard möchte mit seiner Mutter eine Regel für den Küchendienst vereinbaren. Deshalb baut er ein Glücksrad, das in 20 gleich große Sektoren eingeteilt ist. 8 der Sektoren tragen das Symbol einer Tasse. Bernhard schlägt vor: „Ich drehe 10-mal am Rad. Wenn dabei mindestens 5 Tassen erscheinen, so muss ich beim Aufräumen in der Küche helfen."

a) Ermitteln Sie die Wahrscheinlichkeit dafür, dass Bernhard Küchendienst hat.

b) Die Mutter findet, dass ihr Sohn bei diesem Vorschlag zu oft dem Küchendienst entgeht. Sie fragt sich: „Bei welcher Anzahl an Tassen nach 10 Drehungen ist die Wahrscheinlichkeit für einen Küchendienst mindestens 65 %?"
Bernhard schlägt in der Stochastiktabelle nach und sagt „ab 2 Tassen". Ermitteln Sie, ob seine Antwort richtig ist.

c) Anstatt die bei 10 Drehungen erzielte Tassenzahl zu ändern, könnte man auch die Zahl der Tassen am Glücksrad ändern.
Wie viele der 20 Sektoren müssten das Symbol der Tasse zeigen, damit Bernhard bei seinem Vorschlag ebenfalls mit einer Wahrscheinlichkeit von mindestens 65 % Küchendienst hat? Erläutern Sie Ihren Lösungsweg.

5 Erwartungswert und Varianz einer binomialverteilten Zufallsgröße

In Kapitel 5 auf den Seiten 79 und 80 wurden die Maßzahlen Erwartungswert und Varianz bereits allgemein definiert. Liegt eine binomialverteilte Zufallsgröße vor, so lassen sich diese beiden Werte sehr einfach berechnen, ohne die Summenformel zu benötigen.

Definition

> Eine nach B(n; p; k) **binomialverteilte Zufallsgröße Z** besitzt:
> - den Erwartungswert $E(Z) = n \cdot p$
> - die Varianz $Var(Z) = n \cdot p \cdot q$
> - die Standardabweichung $\sigma(Z) = \sqrt{n \cdot p \cdot q}$

Ein allgemeiner Beweis dieser Formeln wäre sehr aufwendig und ist für das Abitur auch nicht relevant. Beispiel 1 zeigt nur einen kleinen Nachweis für B(3; p; k).

Beispiele

1. Zeigen Sie die Richtigkeit der Formel $E(Z) = n \cdot p$ für eine B(3; p)-verteilte Zufallsgröße.

   Lösung:
   Man muss zeigen, dass für die B(3; p)-verteilte Zufallsgröße $E(Z) = 3 \cdot p$ gilt.

   Die allgemeine Formel für den Erwartungswert ist:

   $$E(Z) = \sum_{i=1}^{n} z_i \cdot P(Z = z_i)$$

   Übertragen auf die Binomialverteilung und mit n = 3 ergibt sich:

   $$E(Z) = \sum_{k=0}^{3} k \cdot B(3; p; k)$$

   $$= 0 \cdot \binom{3}{0} \cdot p^0 \cdot q^3 + 1 \cdot \binom{3}{1} \cdot p^1 \cdot q^2 + 2 \cdot \binom{3}{2} \cdot p^2 \cdot q^1 + 3 \cdot \binom{3}{3} \cdot p^3 \cdot q^0$$

   $$= 0 + 1 \cdot 3 \cdot p \cdot q^2 + 2 \cdot 3 \cdot p^2 \cdot q + 3 \cdot 1 \cdot p^3$$

   $$= 3 \cdot p \cdot q^2 + 2 \cdot 3 \cdot p^2 \cdot q + 3 \cdot p^3$$

   $$= 3 \cdot p \cdot (q^2 + 2 \cdot p \cdot q + p^2)$$

   $$= 3 \cdot p \cdot (q + p)^2$$

   $$= 3 \cdot p \cdot 1^2$$

   $$= 3 \cdot p$$

   Die Formel $E(Z) = 3 \cdot p$ ist also richtig.

2. Zeichnen Sie das Histogramm einer B(8; 0,3)-verteilten Zufallsgröße Z. Geben Sie den Erwartungswert an und markieren Sie diesen im Histogramm.

Lösung:

Histogramm:

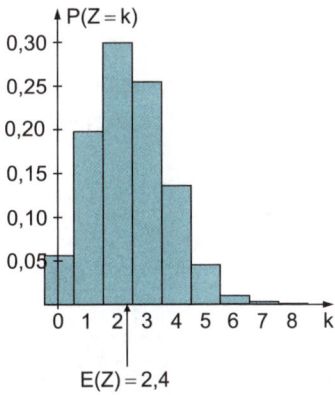

Erwartungswert: $E(Z) = n \cdot p = 8 \cdot 0,3 = 2,4$

Der Erwartungswert ist im Allgemeinen keine ganze Zahl, stimmt also nicht zwingend mit einer der möglichen Trefferzahlen überein. Bei binomialverteilten Zufallsgrößen gilt aber: In der Nachbarschaft von E(Z) liegen die Trefferzahlen mit der größten Wahrscheinlichkeit.

Aufgaben **116.** Herr Müller spielt trotz seiner 73 Jahre immer noch gerne Fußball. Mit seinem Enkel übt er regelmäßig Elfmeterschießen. Seine Verwandlungsquote liegt derzeit bei 30 %. Täglich schießt er selbst 20-mal aufs Tor.

a) Ermitteln Sie, wie viele verwandelte Elfmeter Herr Müller im Durchschnitt pro Tag erwarten darf.

b) Bestimmen Sie die Wahrscheinlichkeit, mit der Herr Müller am Montag genau 5 Elfmeter verwandelt.

117. Ergänzen Sie die beiden Tabellen für die binomialverteilten Zufallsgrößen V, W, X, Y, Z.

Zufallsgröße	n	p	μ	σ
V	75	0,2		
W	120		48	

Zufallsgröße	n	p	μ	σ
X		$\frac{1}{3}$		$\frac{10}{3}\sqrt{6}$
Y			320	8
Z	84			4,2

118. Bestimmen Sie für n = 100 und p = 0,2 die Wahrscheinlichkeit, dass die Werte einer binomialverteilten Zufallsgröße X vom Erwartungswert höchstens um die Standardabweichung abweichen.

119. Auf dem Weg von der Wohnung zur Arbeit hat ein Autofahrer 15 Ampeln zu passieren, die unabhängig voneinander geschaltet sind. Erfahrungsgemäß kann er jede Ampel mit 30 % Wahrscheinlichkeit ohne Wartezeit passieren. Bei Rot muss er mit einer mittleren Wartezeit von 45 Sekunden pro Ampel rechnen.

a) Berechnen Sie die Wahrscheinlichkeit dafür, dass frühestens die sechste Ampel rot ist.

b) Ermitteln Sie die Wahrscheinlichkeit, mit der er auf einer Fahrt mehr als die Hälfte der Ampeln bei Grün passiert.

c) Welche Zeit verbringt der Autofahrer bei einer Fahrt im Schnitt wartend vor Ampeln?

d) Mit welcher Wahrscheinlichkeit erreicht der Autofahrer die nächste Ampel bei Rot, wenn die beiden vorherigen Ampeln grün waren?

e) Erläutern Sie, weshalb die Annahme, dass die Ampeln unabhängig voneinander geschaltet sind, nicht realistisch ist.

Testen von Hypothesen

In den bisherigen Kapiteln wurden Wahrscheinlichkeiten von Ereignissen unterschiedlicher Zufallsexperimente berechnet. Zuletzt ging es um Bernoulli-Experimente wie z. B. einen L-Würfel, der 100-mal geworfen wird. Wenn die Zufallsgröße Z die Anzahl der Sechser angibt, dann beträgt die Wahrscheinlichkeit, dass mindestens 24-mal die Sechs fällt:

$$P(Z \geq 24) = 1 - P(Z \leq 23) = 1 - F_{\frac{1}{6}}^{100}(23) = 1 - 0,96214 \approx 3,8\,\%$$

Wie kann man aber einigermaßen sicher sein, dass es sich tatsächlich um einen L-Würfel handelt, dass also jede Zahl tatsächlich mit gleicher Wahrscheinlichkeit fällt?

Hier hilft die **beurteilende Statistik** aus.

Denken Sie sich folgende Situation: Evelyn findet in der Nähe einer berüchtigten Spielhölle einen Würfel auf der Straße. Ihr Freund Karl vermutet deshalb, dass Evelyns Würfel gezinkt sein könnte und die Sechs mit einer höheren Wahrscheinlichkeit als $\frac{1}{6}$ auftritt.

Laplace — nicht Laplace

Evelyn glaubt dies nicht und möchte Karls Vermutung testen. Sie geht davon aus, dass es sich um einen L-Würfel handelt, die Sechs also mit $p = \frac{1}{6}$ fällt. Um Karl zu widerlegen, kann sie $p \leq \frac{1}{6}$ annehmen, da sie ja nur zeigen möchte, dass die Sechs keine höhere Wahrscheinlichkeit als $\frac{1}{6}$ hat. $\mathbf{p \leq \frac{1}{6}}$ wird in der Stochastik als **Nullhypothese H_0** bezeichnet.

Um die Nullhypothese zu überprüfen, bleibt Evelyn und Karl nichts anderes übrig, als den Würfel sehr häufig zu werfen und zu notieren, wie oft die Sechs im Verhältnis zu den anderen Zahlen fällt. Da Evelyn und Karl den Würfel nicht unendlich oft werfen können, können sie die Nullhypothese nur aufgrund einer zufälligen **Stichprobe** testen. Doch bei welcher Anzahl an Sechsen wird Evelyn ihre Nullhypothese verwerfen und Karls Vermutung zustimmen? Dazu muss sie im Vorfeld eine sogenannte **Entscheidungsregel** festlegen.

Liegt die geworfene Anzahl an Sechsen im **Annahmebereich** (bei 100 Würfen z. B. $A = \{0; 1; \ldots; 23\}$), nimmt Evelyn ihre Nullhypothese als wahr an und glaubt weiterhin, dass es sich um einen L-Würfel handelt.

Liegt die geworfene Anzahl an Sechsen im **Ablehnungsbereich** (bei 100 Würfen z. B. $\overline{A} = \{24; 25; \ldots; 100\}$), lehnt Evelyn ihre Nullhypothese ab und stimmt Karls Vermutung zu, dass es sich um keinen L-Würfel handelt.

Der Ablehnungsbereich $\overline{A}$ heißt auch **kritischer Bereich K**.

Man kann die Vorgehensweise aus dem obigen Beispiel auch ganz allgemein formulieren.

Definition

Eine Vermutung über die Zusammensetzung einer Grundgesamtheit wird als **Null-hypothese H_0** bezeichnet. Aus der Grundgesamtheit wählt man zufällig eine **Stichprobe** von n Elementen aus. Als Treffer gelten diejenigen zufällig gezogenen Elemente, welche ein bestimmtes Merkmal besitzen. Ziel ist es, aufgrund einer zuvor festgelegten **Entscheidungsregel** zu beurteilen, mit welcher Wahrscheinlichkeit die Hypothese H_0 als wahr angesehen oder verworfen wird.

Bei der Entscheidung können zwei Fehler gemacht werden, was die folgende Tabelle zeigt:

Testergebnis / Tatsächlich gilt:	H_0 wird **nicht verworfen** (Anzahl der Treffer im Annahmebereich A)	H_0 wird **verworfen** (Anzahl der Treffer im Ablehnungsbereich $\overline{A}$)
H_0 ist **wahr**	richtige Entscheidung	**Fehler 1. Art/α-Fehler** (H_0 wird irrtümlich abgelehnt, obwohl sie wahr ist)
H_0 ist **falsch**	**Fehler 2. Art/β-Fehler** (H_0 wird irrtümlich als wahr angenommen, obwohl sie falsch ist)	richtige Entscheidung

Beispiele

1. Evelyns Würfel wird 100-mal geworfen. Falls höchstens 23-mal die Sechs erscheint, so nimmt sie an, dass der Würfel nicht gezinkt ist. Berechnen Sie die Wahrscheinlichkeit dafür, dass der Test irrtümlicherweise für Karls Vermutung spricht.

    Lösung:
    Getestet wird die Nullhypothese H_0: $p \leq \frac{1}{6}$. Der Test spricht irrtümlicherweise für Karls Vermutung, wenn H_0 irrtümlich verworfen, also ein Fehler 1. Art gemacht wird.

    Der Annahmebereich ist mit $A = \{0; 1; 2; \ldots; 23\}$ und der Ablehnungsbereich mit $\overline{A} = \{24; 25; 26; \ldots; 100\}$ gegeben.

    Der Fehler 1. Art berechnet sich als Wahrscheinlichkeit, dass sich ein Ergebnis aus dem Ablehnungsbereich einstellt, obwohl H_0 wahr ist.

    $$P(Z \geq 24) = 1 - P(Z \leq 23) = 1 - F_{\frac{1}{6}}^{100}(23) = 1 - 0,96214 \approx 3,8\,\%$$

Das folgende Histogramm veranschaulicht die Situation, der Ablehnungsbereich ist farbig markiert:

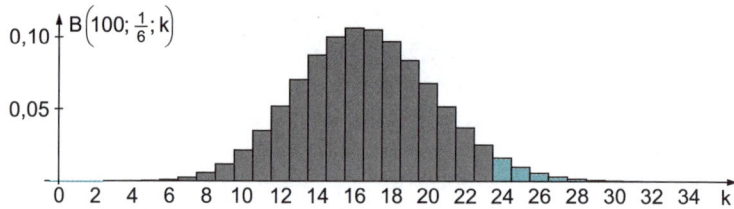

Die Grafik lässt erkennen, dass (bei gleicher Stichprobenlänge) der **Fehler 1. Art kleiner** wird, wenn man den **Ablehnungsbereich kleiner**
wählt (also die Zahl der farbigen Balken verringert) und damit den Annahmebereich vergrößert.

2. Beim Würfel, den Evelyn gefunden hat, fällt die Sechs tatsächlich mit der
   Wahrscheinlichkeit $p = 0{,}25$, der Würfel ist also gezinkt.
   Berechnen Sie die Wahrscheinlichkeit dafür, dass Evelyn beim Test aus
   Beispiel 1 einen Fehler 2. Art begeht.

   Lösung:
   Der Fehler 2. Art berechnet sich als Wahrscheinlichkeit, dass sich ein
   Ergebnis aus dem Annahmebereich einstellt, obwohl H_0 falsch ist. Da die
   Sechs **tatsächlich mit der Wahrscheinlichkeit $p = 0{,}25$** fällt, muss auch
   mit dieser Wahrscheinlichkeit gerechnet werden.

   $$P(Z \leq 23) = F_{0{,}25}^{100}(23) = 0{,}37108 \approx 37{,}2\,\%$$

   Mit der recht hohen Wahrscheinlichkeit von 37,2 % glaubt Evelyn also
   fälschlicherweise, dass der Würfel nicht gezinkt ist.

Anstatt eine Entscheidungsregel zu wählen und danach den Fehler 1. Art zu bestimmen, kann man auch umgekehrt vorgehen: Man wählt eine obere Grenze α
für den Fehler 1. Art und bestimmt dazu den Ablehnungsbereich für H_0. Ein so
konstruierter Test heißt **Signifikanztest** oder **Hypothesentest**.

Definition

> Wird ein statistisches Ergebnis als signifikant bezeichnet, so bedeutet dies, dass die
> Irrtumswahrscheinlichkeit für den Fehler 1. Art nicht über einem festgelegten
> Wert α liegt. Dieser Wert heißt **Signifikanzniveau α**. Ein Versuchsergebnis, das
> zur Ablehnung der Nullhypothese führt, heißt **signifikant auf dem Niveau α**.

H_0 wird nur dann abgelehnt, wenn das Stichprobenergebnis in bedeutsamer (sig-
nifikanter) Weise der Nullhypothese widerspricht.

- Für $\alpha \leq 5\,\%$ spricht man von einem **signifikanten** Ergebnis.
- Bei $\alpha \leq 1\,\%$ spricht man von einem **sehr signifikanten** Ergebnis.
- Bei $\alpha \leq 0{,}1\,\%$ spricht man von einem **hoch signifikanten** Ergebnis.

Grundsätzlich ist es unmöglich, aufgrund einer Stichprobe zu „beweisen", ob eine Vermutung wahr oder falsch ist. Beispielsweise müssten bei Meinungsumfragen alle Bürger befragt werden und bei Qualitätskontrollen alle hergestellten Produkte überprüft werden. Ein solches Verfahren ist in der Praxis aber viel zu teuer oder sogar undurchführbar. Nichtsdestotrotz liefert der Hypothesentest eine gute Entscheidungsgrundlage, die mithilfe von α reguliert werden kann. In der Praxis hat sich sogar erwiesen, dass $\alpha \leq 5\,\%$ in den meisten Fällen ausreichend ist.

Je nachdem, welche Nullhypothese gegeben ist, unterscheidet man zwischen verschiedenen Signifikanztests. Liegt der Ablehnungsbereich rechts, spricht man von einem rechtsseitigen Signifikanztest. Liegt der Ablehnungsbereich links, spricht man von einem linksseitigen Signifikanztest.

Rechtsseitiger Signifikanztest:

Die zu testende Hypothese lautet: $\mathbf{p \leq p_0}$
Wenn die tatsächliche Trefferwahrscheinlichkeit p höchstens p_0 ist, so werden in der Stichprobe selten viele Treffer auftreten. Der **Ablehnungsbereich** von H_0 muss deshalb im **rechten** Teil des Histogramms liegen und endet bei n.
Je kleiner p tatsächlich ist, desto seltener wird das Stichprobenergebnis im Ablehnungsbereich liegen. Der maximale Fehler 1. Art ergibt sich also für $p = p_0$.

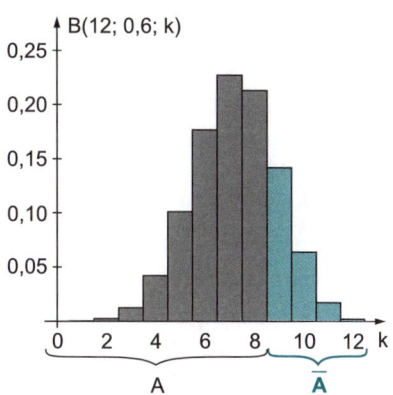

Linksseitiger Signifikanztest:

Die zu testende Hypothese lautet: $\mathbf{p \geq p_0}$
Wenn die tatsächliche Trefferwahrscheinlichkeit p mindestens p_0 ist, so werden in der Stichprobe selten wenige Treffer auftreten. Der **Ablehnungsbereich** von H_0 muss deshalb im **linken** Teil des Histogramms liegen und beginnt bei 0.
Je größer p tatsächlich ist, desto seltener wird das Stichprobenergebnis im Ablehnungsbereich liegen. Der maximale Fehler 1. Art ergibt sich also für $p = p_0$.

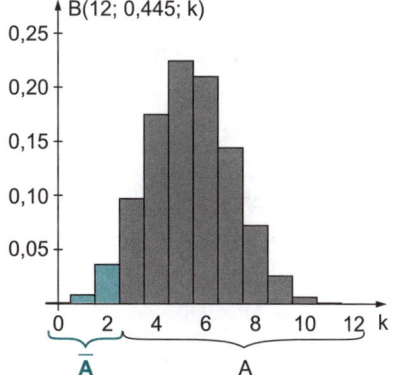

Bei der Aufgabenformulierung zum Hypothesentest gibt es zwei Grundtypen:

- Typ 1:
  Gegeben ist die Nullhypothese H_0 und eine Entscheidungsregel, d. h. Annahme- und Ablehnungsbereich. **Gesucht** ist der zugehörige **α-Fehler** (siehe Beispiel 1 auf Seite 111).

- Typ 2:
  Gegeben ist die Nullhypothese H_0 und der maximal erlaubte α-Fehler. **Gesucht** ist eine **Entscheidungsregel**, also ein zugehöriger Annahme- und Ablehnungsbereich (siehe unten).

Bei beiden Grundtypen kann auch noch nach dem β-Fehler gefragt sein.

Beispiele

1. Laut Angabe eines Saatguthändlers treiben mindestens 80 % aller Kressesamen aus. Eine Gartenbaustudentin untersucht das Keimungsverhalten an 200 Samen.
   Stellen Sie die Entscheidungsregel auf, wenn der Behauptung des Herstellers höchstens mit einer Irrtumswahrscheinlichkeit von 5 % widersprochen werden soll.

   Lösung:
   Die Nullhypothese ist mit H_0: $p \geq p_0 = 0{,}80$ gegeben und die Stichprobenlänge mit $n = 200$. Somit handelt es sich um einen **linksseitigen Signifikanztest**, womit für Annahme- und Ablehnungsbereich gilt:

   $$A = \{k+1; k+2; \ldots; 200\}$$
   $$\overline{A} = \{0; 1; 2; \ldots; k\}$$

   Die Nullhypothese wird verworfen, wenn wenige Samen keimen.
   Die Zufallsgröße Z gebe die Anzahl der Kressesamen, die keimen, an.
   Der noch akzeptierte Fehler, der Behauptung des Herstellers irrtümlich zu widersprechen, darf höchstens 5 % sein. Gesucht ist das **größte k**, sodass noch gilt:

   $$P(Z \leq k) \leq 0{,}05 \quad \text{oder anders geschrieben:} \quad F_{0,8}^{200}(k) \leq 0{,}05$$

   Den gesuchten Wert für k findet man in der Stochastiktabelle:
   Für $k = 150$ ist die Wahrscheinlichkeit 0,04935. Diese ist gerade noch kleiner als 5 %.

   Entscheidungsregel: Wenn von den 200 Samen höchstens 150 keimen, so wird dem Hersteller nicht geglaubt. Keimen mindestens 151 Samen, so wird seine Behauptung akzeptiert.

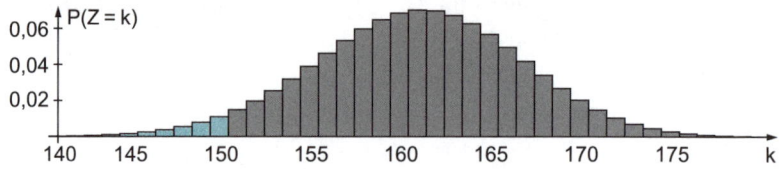

2. Bei der Produktion eines Massenartikels werden vom Firmenchef höchstens 4 % Ausschuss akzeptiert. Diese Ausschussrate wird jede Woche einmal durch eine Stichprobe überprüft, indem 50 Teile untersucht werden. Bei der letzten Untersuchung waren 3 Teile unbrauchbar.
Sollte die Fertigung unterbrochen werden, falls als Signifikanzniveau 5 % gewählt wird? Begründen Sie Ihre Antwort.

Lösung:
Die Nullhypothese ist mit H_0: $p \leq p_0 = 0{,}04$ gegeben und die Stichprobenlänge mit $n = 50$. Somit handelt es sich um einen **rechtsseitigen Signifikanztest**, womit für Annahme- und Ablehnungsbereich gilt:

$A = \{0; 1; 2; \dots; k\}$

$\overline{A} = \{k + 1; k + 2; \dots; 50\}$

Man weiß, dass in der letzten Untersuchung 3 Teile unbrauchbar waren. Nun muss man überprüfen, ob 3 in A oder in $\overline{A}$ liegt.
Das Signifikanzniveau ist mit $\alpha \leq 0{,}05$ gegeben. Die Zufallsgröße Z gebe die Anzahl der Ausschussteile an. Es folgt:

$P(Z \geq k + 1) \leq 0{,}05$

$$1 - P(Z \leq k) \leq 0{,}05$$

$$P(Z \leq k) \geq 0{,}95$$

$$F_{0{,}04}^{50}(k) \geq 0{,}95$$

In der Tabelle findet man für $k = 4$ den Wert $0{,}95103$.

Also: $A = \{0; 1; 2; 3; 4\}$
$ \overline{A} = \{5; 6; \dots; 50\}$

Das Stichprobenergebnis (drei defekte Teile) liegt im Annahmebereich der Hypothese „Fertigung liefert höchstens 4 % Ausschuss". Eine Unterbrechung ist auf dem 5-%-Niveau daher nicht notwendig.

Grundsätzliche Bemerkungen zu den Fehlern 1. Art und 2. Art:

- Der Fehler 1. Art (α-Fehler) ist berechenbar und kann durch Wahl des Ablehnungsbereichs nach oben begrenzt werden.
- Falls die Nullhypothese falsch ist, kann der β-Fehler nur berechnet werden, wenn die tatsächliche Wahrscheinlichkeit p bekannt ist.
- Je kleiner der α-Fehler gemacht wird, umso größer wird der β-Fehler.
- Je weniger der wahre Wert p sich von p_0 unterscheidet, desto wahrscheinlicher ist es, dass das Ergebnis der Stichprobe fälschlicherweise in den Annahmebereich von H_0 fällt; d. h., der β-Fehler wird dann größer.
- Möchte man erreichen, dass beide Fehler kleiner werden, so ist dies nur dadurch möglich, dass die Länge n der Stichprobe vergrößert wird.

Bei der Formulierung der Nullhypothese ist zu berücksichtigen, welche Folgen eine Fehlentscheidung hat. Sie sollte so gewählt werden, dass der folgenreichere Fehler als α-Fehler auftritt, denn dieser kann durch Wahl des Ablehnungsbereichs klein gehalten werden.

Beispiel

Verteidiger vertreten die Ansicht „der Angeklagte ist unschuldig". Staatsanwälte stellen die Hypothese auf „der Angeklagte ist schuldig". Richter fällen ein Urteil, sobald sie eine der Ansichten als wahr ansehen.
Stellen Sie nach dem Muster von S. 111 eine Tabelle auf und geben Sie an, welcher der beiden möglichen Fehler folgenreicher ist. Welcher Grundsatz gilt deshalb in unserem Rechtssystem?

Lösung:

Urteil: / Tatsächlich gilt:	die Ansicht des Rechtsanwalts wird als wahr angesehen und deshalb nicht verworfen	die Ansicht des Rechtsanwalts wird als falsch angesehen und deshalb verworfen
Der Rechtsanwalt hat recht: Der Angeklagte ist unschuldig.	richtige Entscheidung: der Angeklagte wird freigesprochen	**Fehler 1. Art:** der Angeklagte wird irrtümlich verurteilt
Der Rechtsanwalt hat nicht recht: Der Angeklagte ist schuldig.	**Fehler 2. Art:** der Angeklagte wird irrtümlich freigesprochen	richtige Entscheidung: der Angeklagte wird verurteilt

Wenn ein Unschuldiger verurteilt wird, hat dies schwerwiegende Folgen. Ein Mensch, der nichts Unrechtes getan hat, muss ins Gefängnis. Um diesen Fehler möglichst klein zu halten, gilt der Grundsatz „im Zweifel für den Angeklagten", also die Unschuldsvermutung. Allerdings steigt damit die Wahrscheinlichkeit, dass ein Schuldiger freigesprochen wird.

Anmerkung: Die russische Zarin Katharina die Große soll gesagt haben: „Es ist besser, 10 Schuldige freizusprechen, als einen Unschuldigen zu hängen."

Aufgaben

120. Vier Wochen vor einer wichtigen Wahl meint die Parteivorsitzende Steffi Tochas von der neuen Partei TIK, dass der Stimmenanteil höchstens 20 % beträgt. Der Vorstand ist skeptisch und beschließt einen Test. 50 Personen werden nach ihrem Wahlverhalten befragt. Wenn davon höchstens 14 Personen angeben, die TIK zu wählen, so ist der Vorstand vom Pessimismus der Vorsitzenden überzeugt und verstärkt den Wahlkampf.
Ermitteln Sie die Wahrscheinlichkeit dafür, dass der Vorstand die Meinung der Vorsitzenden ablehnt, obwohl sie richtig ist, und erläutern Sie, welche Konsequenz dieser Fehler für die Partei hat.

121. a) Karlas Lieferantin behauptet, dass höchstens 5 % der Blumen verwelkt sind. Karla möchte diese Behauptung testen und stellt folgende Entscheidungsregel auf: Wenn in einer Stichprobe von 30 Blumen drei oder mehr verwelkt sind, so soll die gesamte Lieferung zurückgehen. Berechnen Sie das Risiko für die Lieferantin, dass ihre Sendung fälschlicherweise zurückgeht.

b) Die Lieferantin will das Risiko aus Teilaufgabe a auf höchstens 5 % verringern. Ermitteln Sie dazu die Entscheidungsregel, wenn der Stichprobenumfang gleich bleiben soll.

122. Der Bekanntheitsgrad von Radio STARK lag bei Jugendlichen bisher bei 30 %. Nach einer großen Werbekampagne hofft der Sender, dass nun der Bekanntheitsgrad größer geworden ist. Die Werbefirma behauptet, dass jetzt mindestens 40 % den Sender kennen. Zum Test werden 200 Jugendliche befragt.

a) Ermitteln Sie eine Entscheidungsregel so, dass die Behauptung der Werbefirma auf dem Signifikanzniveau 3 % abgelehnt werden kann.

b) Bestimmen Sie die Wahrscheinlichkeit dafür, dass der Behauptung der Werbefirma geglaubt wird, obwohl die Werbekampagne keinen Einfluss auf den Bekanntheitsgrad hatte. Verwenden Sie die Entscheidungsregel aus Teilaufgabe a.

123. Kreuzen Sie passend an und begründen Sie Ihre Entscheidung.

	wahr	falsch
Wird die Nullhypothese verworfen, so war sie falsch.	☐	☐
Liegt das Stichprobenergebnis im Annahmebereich, so ist die Nullhypothese wahr.	☐	☐
Liegt das Stichprobenergebnis im Ablehnungsbereich, so ist die Nullhypothese falsch.	☐	☐
Führt man zweimal nacheinander denselben Test durch, so kann es sein, dass man unterschiedlich entscheidet.	☐	☐
Die Wahrscheinlichkeit des Fehlers 1. Art gibt an, wie groß die Wahrscheinlichkeit einer Fehlentscheidung ist.	☐	☐
Ein Fehler 2. Art lässt sich nicht berechnen, auch wenn die Nullhypothese bekannt ist.	☐	☐
Eine wahre Nullhypothese wird mindestens mit der Wahrscheinlichkeit $1 - \alpha$ nicht verworfen.	☐	☐

124. Die Firma Maybe bietet dem Händler Dontknow einen großen Posten Briefmarken an, bei dem angeblich weniger als 15 % der Sammlermarken beschädigt (eingerissene Marke, beschädigte Zahnung) sind.

a) Welche Hypothese sollte Herr Dontknow als Nullhypothese wählen, damit deren irrtümliche Ablehnung ein Fehler mit schlimmeren Konsequenzen ist? Begründen Sie diese Wahl.

b) Es sei H_0: $p \geq 0,15$. Dontknow möchte einen Fehlkauf möglichst vermeiden und gesteht sich höchstens einen Fehler von 5 % zu.
Bestimmen Sie eine Entscheidungsregel für den Fall, dass die Qualität von 50 Briefmarken untersucht wird.

c) Tatsächlich ergibt die Stichprobe sieben defekte Briefmarken. Ist deshalb die Hypothese wahr?

d) Ist die Hypothese falsch, wenn nur eine Marke beschädigt ist?

125. Ein Pharmaunternehmen will zeigen, dass ein neues Medikament nur geringe Nebenwirkungen hat. Es behauptet, dass sich an weniger als 10 % der Patienten, denen das Medikament verabreicht wird, schädliche Nebenwirkungen zeigen. 50 Patienten sind bereit, an dem Test mitzuwirken.

a) Beurteilen Sie die Konsequenz der möglichen Fehlentscheidungen, falls als Nullhypothese
- $p \leq 0,10$ (Fall 1)
- $p \geq 0,10$ (Fall 2)

gewählt wird. Für welche Nullhypothese sollte man sich also entscheiden?

b) Das Unternehmen will die Zulassungsbehörde von der Ungefährlichkeit überzeugen und akzeptiert deshalb folgende Entscheidungsregel: Wenn bei mehr als zwei Personen Schäden auftreten, so wird das Medikament als zu gefährlich eingestuft.
Bestimmen Sie die Wahrscheinlichkeit, mit der das Medikament im Fall 2 in den Handel gelangt.

c) Stellen Sie die Entscheidungsregel für $\alpha \leq 5$ % auf.

126. Ein Meinungsforschungsinstitut wählt aus dem Telefonbuch Münchens auf jeder der über 1 700 Seiten den ersten und letzten Eintrag aus, um die zugehörige Person über ihr Telefonierverhalten zu befragen.
Nennen Sie (mindestens) einen Grund, warum das Testergebnis nicht auf die gesamte Bevölkerung Bayerns übertragbar sein muss.

Lösungen

1.

	Zufallsexperiment	kein Zufallsexperiment
Zahl der geschossenen Tore bei einem Fußballspiel *Begründung:* Das Ergebnis kann nicht vorhergesagt werden.	☒	☐
Aggregatzustand von Quecksilber bei −15°C *Begründung:* Bei dieser Temperatur ist Quecksilber flüssig. Das Ergebnis steht fest.	☐	☒
Bestimmung des Wochentages, an dem Buß- und Bettag ist *Begründung:* Der Buß- und Bettag ist immer an einem Mittwoch. Das Ergebnis steht fest.	☐	☒
Zeitdauer, bis ein bestimmter Urankern zerfällt *Begründung:* Bei einem einzelnen Kern kann nicht vorhergesagt werden, wann er zerfällt.	☒	☐
Zahl der leiblichen Eltern eines Menschen *Begründung:* Es sind immer zwei, eine Mutter und ein Vater.	☐	☒
Zahl der leiblichen Kinder eines Menschen *Begründung:* Die Kinderzahl kann nicht vorhergesagt werden.	☒	☐

2. a) Es ist hilfreich, eine Tabelle mit allen möglichen Produkten anzulegen und dann die doppelten zu „streichen".

Die farbigen Zahlen sind die möglichen Ausgänge des Zufallsexperiments. Die grauen Zahlen sind die mehrfach auftretenden Produkte, die nicht gesondert in Ω aufgelistet werden müssen.

·	1	2	3	4	5	6
1	1	2	3	4	5	6
2	2	4	6	8	10	12
3	3	6	9	12	15	18
4	4	8	12	16	20	24
5	5	10	15	20	25	30
6	6	12	18	24	30	36

$\Omega = \{1; 2; 3; 4; 5; 6; 8; 9; 10; 12; 15; 16; 18; 20; 24; 25; 30; 36\}$

$|\Omega| = 18$

Anmerkung: Es gibt also 18 verschiedene Produktwerte, die aber nicht gleich wahrscheinlich auftreten.

b) Für die erste Stufe im Baumdiagramm gibt es 5 verschiedene Farben, in der zweiten Stufe jeweils noch 4 Möglichkeiten.
Es gibt dann $5 \cdot 4 = 20$ Möglichkeiten.
Bezeichnet man die Farben mit a, b, c, d und e, so gilt:
$\Omega = \{ab; ac; ad; ae; ba; bc; bd; be; ca; cb; cd; ce; da; db; dc; de; ea; eb; ec; ed\}$

$|\Omega| = 20$

c) $\Omega = \{67; 68; 69; 76; 78; 79; 86; 87; 89; 96; 97; 98\}$

$|\Omega| = 12$

d) Da keine Zahl mit 0 beginnt und jede Ziffer zweimal auftreten darf, gilt:
$\Omega = \{10; 11; 12; 13; 20; 21; 22; 23; 30; 31; 32; 33\}$

$|\Omega| = 12$

e) **Gleichzeitig ziehen**
Es müssen Mengen gebildet werden, da beim gleichzeitigen Ziehen die Reihenfolge keine Rolle spielt.
$\Omega = \{3r0g; 2r1g; 1r2g\}$ oder $\Omega = \{rrr; rrg; rgg\}$

$|\Omega| = 3$

Nacheinander mit Zurücklegen ziehen
In jedem Zug ist jede Farbe vorhanden.
$\Omega = \{rrr; rrg; rgr; grr; rgg; grg; ggr; ggg\}$

$|\Omega| = 8$

Nacheinander ohne Zurücklegen ziehen

Hier muss man beachten, dass es in der dritten Stufe des Baumdiagramms den Ast ggg nicht gibt, da es nur zwei gelbe Kugeln gibt. Das Ergebnis ggg aus der vorhergehenden Teilaufgabe muss weggelassen werden:

$\Omega = \{rrr; rrg; rgr; grr; rgg; grg; ggr\}$

$|\Omega| = 7$

f) $\Omega = \{SSS; SSM; SMS; MSS; SMM; MSM; MMS; MMM\}$

$|\Omega| = 8$

g) ### Als Erster zwei Sätze

S stehe für „Sigi gewinnt einen Satz".
A stehe für „Andreas gewinnt einen Satz".

Es sind maximal 3 Spiele nötig, bis ein Gewinner feststeht.

$\Omega = \{SS; SAS; SAA; ASS; ASA; AA\}$

$|\Omega| = 6$

Zwei Sätze hintereinander oder drei Sätze

Der Wettkampf wird nach 2, 3, 4 oder 5 Spielen entschieden.

$\Omega = \{SS; SASS; SASAS; SASAA; SAA; AA; ASAA; ASASA; ASASS; ASS\}$

$|\Omega| = 10$

h) Bei der Münze fällt entweder Bild (B) oder Zahl (Z). Beim Würfel fällt die 1, 2, 3, 4, 5 oder 6.

$\Omega = \{B1; B2; B3; B4; B5; B6; Z1; Z2; Z3; Z4; Z5; Z6\}$

$|\Omega| = 12$

Anmerkung: Da die beiden Objekte gleichzeitig geworfen werden, sind B1, B2 usw. als Mengen aufzufassen. B1 bedeutet dabei: Die Münze zeigt Bild, der Würfel 1. Man könnte dafür auch 1B schreiben.

3. Da die Kristallkugeln mit der Aufschrift 2 bzw. 6 nur einmal gezogen werden können, ergibt sich das folgende Baumdiagramm:

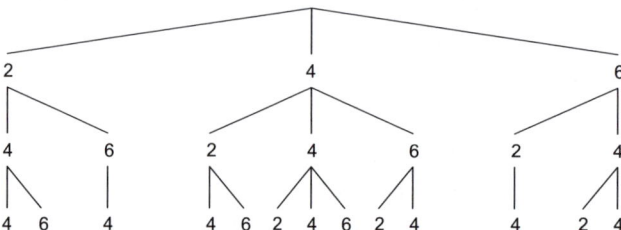

Caro kann also 13 verschiedene dreistellige Zahlen bilden.

4.

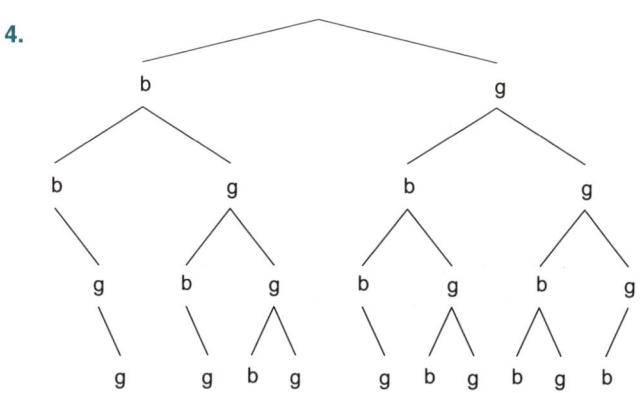

$\Omega = \{\text{bbgg}; \text{bgbg}; \text{bggb}; \text{bggg}; \text{gbbg}; \text{gbgb}; \text{gbgg}; \text{ggbb}; \text{ggbg}; \text{gggb}\}$

Es gibt also 10 verschiedene Türme.

5. Die Ameisenfamilie muss insgesamt zweimal hoch (h) und zweimal rechts (r) laufen.

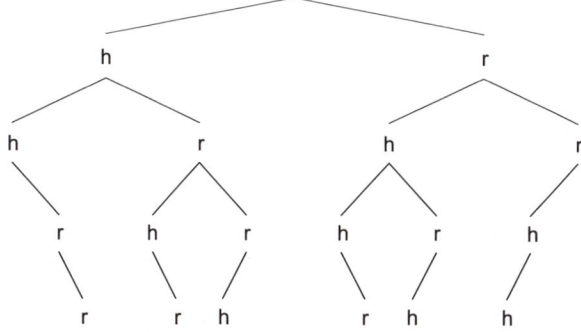

Es gibt 6 verschiedene Wege:

$\Omega = \{\text{hhrr}; \text{hrhr}; \text{hrrh}; \text{rhhr}; \text{rhrh}; \text{rrhh}\}$

6. Zählt man alle g und v längs der Pfade, so ist entweder nach drei g oder nach drei v das Experiment zu Ende.

Mögliche Deutung:

Ein Tennisspieler bestreitet einen Wettkampf und g steht für „Satz gewonnen", v für „Satz verloren". Nach drei Gewinnsätzen ist der Wettkampf beendet.

Anmerkung: Im Gegensatz zum Schach, Basketball etc. gibt es beim Tennis den Ausgang „Unentschieden" nicht.

7. a) Alle Personen, die einen Partner mitgebracht haben, hatten einen Hip-Hop-Kurs besucht **und umgekehrt!**

b) Alle Personen, die einen Hip-Hop-Kurs besucht haben oder weiblich sind.

c) Alle Personen, die einen Hip-Hop-Kurs besucht und einen Partner mitgebracht haben, sind weiblich **und umgekehrt!**

d) Von den weiblichen Personen nur die, welche nicht zugleich einen Hip-Hop-Kurs besucht und einen Partner mitgebracht haben.

8. Vorsicht:

T_i bedeutet hier: Turbine **kühlt nicht**

$\overline{T_i}$ bedeutet also: Turbine kühlt

$A = \overline{T}_1 \cap \overline{T}_2 \cap \overline{T}_3$

B: Entweder kühlt die 3. Turbine nicht oder die 2. nicht oder die 1. nicht.
$B = (\overline{T}_1 \cap \overline{T}_2 \cap T_3) \cup (\overline{T}_1 \cap T_2 \cap \overline{T}_3) \cup (T_1 \cap \overline{T}_2 \cap \overline{T}_3)$

C: „Mindestens zwei" bedeutet, dass zwei oder drei Turbinen nicht kühlen.
$C = (\overline{T}_1 \cap T_2 \cap T_3) \cup (T_1 \cap \overline{T}_2 \cap T_3) \cup (T_1 \cap T_2 \cap \overline{T}_3) \cup (T_1 \cap T_2 \cap T_3)$

$D = \overline{T}_1 \cap \overline{T}_2 \cap T_3$

9. Eine Veranschaulichung im Mengendiagramm ist hilfreich:

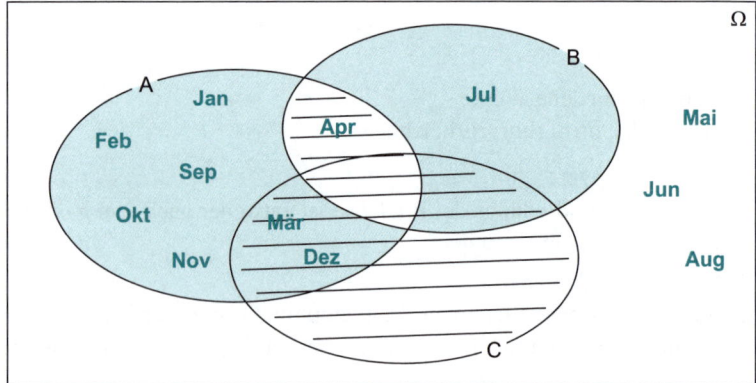

a) farblich unterlegt: {Jan; Feb; Mär; Jul; Sep; Okt; Nov; Dez}

b) schraffiert: {Mär; Apr; Dez}

10. a) $\Omega = \{DDD;\ DDZ;\ DZD;\ ZDD;\ DZZ;\ ZDZ;\ ZZD;\ ZZZ\}$

b) Über den dritten Wurf wird in den Ereignissen A und B nichts ausgesagt. Der dritte Wurf kann also D oder Z sein.

R: „Der erste Wurf zeigt Z und der zweite D."
$R = \{ZDD;\ ZDZ\}$

S: „Der erste Wurf zeigt nicht Z." oder S: „Der erste Wurf zeigt D."
$S = \{DDD;\ DDZ;\ DZD;\ DZZ\}$

T: „Der erste Wurf zeigt Z oder der zweite Wurf zeigt D."
$T = \{DDD;\ DDZ;\ ZDD;\ ZDZ;\ ZZD;\ ZZZ\}$
Anmerkung: Es handelt sich um ein einschließendes oder.

U: „Die ersten zwei Würfe zeigen D."
$U = \{DDD;\ DDZ\}$

V: „Der erste Wurf zeigt D und der zweite ein Z."
$V = \{DZD;\ DZZ\}$

c) $\overline{H}$: „Nicht alle drei Würfe zeigen D."
oder $\overline{H}$: „Mindestens ein Wurf zeigt Z."
$\overline{H} = \Omega \setminus \{DDD\} = \{ZZZ;\ ZZD;\ ZDZ;\ DZZ;\ ZDD;\ DZD;\ DDZ\}$

11. a) $\Omega = \{ww;\ wu;\ uw;\ uu\}$

Der Ergebnisraum besteht aus vier Elementen, da die Tabletten nacheinander eingenommen werden und somit die Reihenfolge eine Rolle spielt. Der zugehörige Ereignisraum hat dann $2^4 = 16$ Elemente.

b) $A = \{ww\}$
$B = \{wu;\ uw\}$
$A \cap B = \{\ \}$

Da die Schnittmenge leer ist, sind die Ereignisse A und B unvereinbar.

c) $\overline{A} = \{wu;\ uw;\ uu\}$ („Höchstens eine Tablette ist wirksam.")
$\overline{B} = \{ww;\ uu\}$ („0 oder 2 Tabletten sind Placebos.")
$\overline{A} \cap \overline{B} = \{uu\}$
Im Sachzusammenhang: „Beide Tabletten sind Placebos."

12. a) $\overline{A}$: „Mindestens zwei Lose sind Nieten.“

b) $\overline{B}$: „Alle Lose sind Gewinnlose.“

c) $A \cup B$: „Im Lostopf sind noch 0, 1, 2, 3 oder 4 Nieten.“
Anmerkung: Dies ist ein sicheres Ereignis.

d) $A \setminus B$: „Alle Lose sind Gewinnlose.“

e) $B \setminus A$: „Mindestens zwei Lose sind Nieten.“

f) $A \cap B$: „Genau ein Los ist eine Niete.“

g) $\overline{A \cup B}$: unmögliches Ereignis

h) $\overline{A \cap B}$: „Kein Los ist eine Niete oder mindestens zwei Lose sind Nieten.“

i) $\overline{A} \cup B = B$: „Mindestens ein Los ist eine Niete.“

j) $A \cup \overline{B} = A$: „Höchstens ein Los ist eine Niete.“

13. Zu S:
Ohne die Verneinung ergibt sich: „Alle Spieler schießen ein Tor.“
Das Gegenereignis ist dann S: „Mindestens ein Spieler trifft nicht ins Tor.“
Zu V:
Ohne die Verneinung ergibt sich: „Mindestens ein Spieler trifft ins Tor.“
Das Gegenereignis ist also V: „Kein Spieler trifft ins Tor.“

14. „Völlig ungerecht“ ist es z. B., wenn Susi alle Stifte bekommt und die anderen keinen.
Man kann sich die einzelnen Möglichkeiten in Form dreistelliger Zahlen notieren. Die Hunderterstelle gibt an, wie viele Stifte Susi bekommt, die Zehnerstelle gibt an, wie viele Stifte Janosch bekommt, und die Einerstelle gibt an, wie viele Stifte Paula bekommt. Die Quersumme der dreistelligen Zahl muss immer 5 sein. Die möglichen Zahlen sind der Größe nach geordnet:

500	410	401	320	311	302	230	221	212	203	140
131	122	113	104	050	041	032	023	014	005

Es gibt also 21 Möglichkeiten.

15. Die Eissorten werden mit ihrem Anfangsbuchstaben abgekürzt:

V – Vanille
S – Schoko
M – Mango
E – Erdbeere
Z – Zitrone

Da die Reihenfolge keine Rolle spielen soll, handelt es sich bei den Ergebnissen immer um Mengen. Z. B. steht VSM auch für VMS oder SMV usw.

a) Luisa: {VSM; VSE; VSZ; VME; VMZ; VEZ}
   Julia: {VSE; VSZ; VME; VMZ; SEZ; MEZ}
   Dominik: {VSM; VSE; VSZ; VME; SME; SMZ; SEZ}
   Dana: {VSM; VSE; VSZ; VME; VMZ; SME; SMZ}

b) Es handelt sich hier um ein ausschließendes oder.

   Wenn nur Luisa zufrieden ist, dann handelt es sich um einen Eisbecher, der in Julias Wunschliste nicht zu finden ist: VSM oder VEZ

   Wenn nur Julia zufrieden ist, dann handelt es sich um einen Eisbecher, der in Luisas Wunschliste nicht zu finden ist: SEZ oder MEZ

c) Nein, die Wünsche sind **nicht unvereinbar**, denn es gibt sogar drei verschiedene Eisbecher, mit denen die Wünsche aller Kinder erfüllt werden könnten: VSE; VSZ; VME

16. a) $\Omega = \{111; 112; 113; 121; 122; 123; 131; 132; 133; 211; 212; 213; 221;$
   $222; 223; 231; 232; 233; 311; 312; 313; 321; 322; 323; 331; 332;$
   $333\}$

   $|\Omega| = 27$

b) $A = \Omega \setminus \{333\}$
   $B = \{133; 233; 313; 323; 331; 332; 333\}$

c) Ereignis C in Worten: „Es wird genau zweimal die 3 gedreht."
   Ereignis D in Worten: „Es wird dreimal die 3 gedreht."

d) $E = \overline{A} \cap \overline{B} = \{\,\}$

e) Zwei Ereignisse sind unvereinbar, wenn der Schnitt leer ist.
   $A = \Omega \setminus \{333\}$
   $\overline{B} = \{111; 112; 113; 121; 122; 123; 131; 132; 211; 212; 213; 221; 222; 223;$
   $\quad 231; 232; 311; 312; 321; 322\}$
   $A \cap \overline{B} = \overline{B} \neq \{\,\}$

   A und B sind vereinbar, da der Schnitt nicht leer ist.

17. a) $\Omega = \{\text{vvv; vvm; vmv; mvv; vmm; mvm; mmv; mmm}\}$

b) $A = \{\text{vvm; vmm; mvm; mmm}\}$
$B = \{\text{vmm; mvm; mmv; mmm}\}$
$C = \{\text{mmm}\}$
$D = \{\text{mmv}\}$
$E = \{\text{vvv; vvm}\}$

c) $A \cap E = \{\text{vvm}\}$
Die Ereignisse A und E sind vereinbar.

$B \cap D = \{\text{mmv}\}$
Die Ereignisse B und D sind vereinbar.

$B \cap E = \{\,\}$
Die Ereignisse B und E sind unvereinbar.

d) $A \cap B = \{\text{vmm; mvm; mmm}\}$
„Unter den Prüflingen sind mindestens zwei Minderjährige, darunter der letzte Prüfling."

$B \cap \overline{C} = \{\text{vmm; mvm; mmv}\}$
„Unter den Prüflingen sind genau zwei minderjährig."
oder: „Unter den Prüflingen ist genau einer volljährig."

$A \cap D = \{\,\}$
Hinweis: Der dritte Prüfling kann nicht gleichzeitig minderjährig und volljährig sein.

$A \cup D = \{\text{vvm; vmm; mvm; mmv; mmm}\}$
„Der dritte Prüfling ist minderjährig oder als einziger volljährig."

18. a) André hat 5-mal verschossen und 17-mal getroffen, er ist also 22-mal angetreten. Der Anteil der Treffer ist bei ihm $\frac{17}{22} \approx 0,77$.

Eric hat 7-mal verschossen und 18-mal getroffen, er ist also 25-mal angetreten. Der Anteil der Treffer ist bei ihm $\frac{18}{25} = 0,72$.

Also war André der bessere Elfmeterschütze.

b) Wenn André zweimal trifft, ergibt sich $\frac{19}{24} \approx 0,79$ und bei zwei Fehlschüssen $\frac{17}{24} \approx 0,71$. Bei genau einem Treffer ergibt sich $\frac{18}{24} = 0,75$.

Wenn Eric zweimal trifft, ergibt sich $\frac{20}{27} \approx 0,74$ und bei zwei Fehlschüssen $\frac{18}{27} \approx 0,67$. Bei genau einem Treffer ergibt sich $\frac{19}{27} \approx 0,70$.

Bemerkung: Trifft André zweimal nicht und Eric aber beide Male, so wäre Eric plötzlich der bessere Elfmeterschütze.

19. a) h_n(Treffer) nähert sich dem Verhältnis aus den Flächeninhalten des Viertelkreises und des Quadrats, also:

$$h_n \text{ (Treffer)} = \frac{\frac{1}{4} \cdot 1^2 \cdot \pi}{1^2} = \frac{\pi}{4} \approx 0,79$$

b) Es kann z. B. $x = 0,63$ und $y = 0,82$ gewählt werden.

Betrachtet wird der Abstand d vom Ursprung zum Punkt $P(x|y)$, der sich aus dem Satz des Pythagoras ergibt:

$$d = \sqrt{x^2 + y^2} = \sqrt{0,63^2 + 0,82^2} \approx 1,034$$

Da dieser Abstand größer ist als der Kreisradius, liegt der Punkt außerhalb des Viertelkreises.

Anmerkung: Hier sind viele weitere Lösungen möglich, da die Wahl des Punktes P beliebig ist.

c) Spalte A: Anzahl der gefallenen Tropfen
Spalte B: Zufällige Ermittlung der x-Koordinate über rand( )
Spalte C: Zufällige Ermittlung der y-Koordinate über rand( )
Spalte D: Abstand d von $P(x|y)$ zum Ursprung
Spalte E: Überprüfen, ob $P(x|y)$ innerhalb des Viertelkreises
Spalte F: Kumulierte Anzahl der Tropfen im Viertelkreis
Spalte G: Berechnung der relativen Häufigkeit

	tropfen	x	y	d	treffer	treffersumme	häufigkeit			
1	1	0.094749	0.367225	0.379251	1	1	1.			
2	2	0.401996	0.233032	0.464656	1	2	1.			
3	3	0.645541	0.186897	0.672052	1	3	1.			
4	4	0.351591	0.235269	0.423046	1	4	1.			
5	5	0.814623	0.784115	1.13068	0	4	0.8			
6	6	0.729366	0.593931	0.9406	1	5	0.833333			
7	7	0.020293	0.819662	0.819913	1	6	0.857143			
8	8	0.388539	0.93425	1.01182	0	6	0.75			
9	9	0.920641	0.491869	1.0438	0	6	0.666667			
10	10	0.83589	0.695992	1.08771	0	6	0.6			
11	11	0.255343	0.701089	0.74614	1	7	0.636364			
12	12	0.951898	0.882225	1.29786	0	7	0.583333			
13	13	0.220978	0.370913	0.43175	1	8	0.615385			
14	14	0.369481	0.117576	0.387738	1	9	0.642857			
15	15	0.007839	0.450593	0.450661	1	10	0.666667			
16	16	0.935159	0.989056	1.36116	0	10	0.625			
17	17	0.108011	0.697744	0.706055	1	11	0.647059			
18	18	0.006263	0.544067	0.544103	1	12	0.666667			

$G1 \quad = \dfrac{f1}{a1}$

In Data&Statistics können die zugehörigen Punkte (x│y) geplottet werden.

Der Kreisbogen lässt sich über $y = \sqrt{1-x^2}$ einzeichnen.

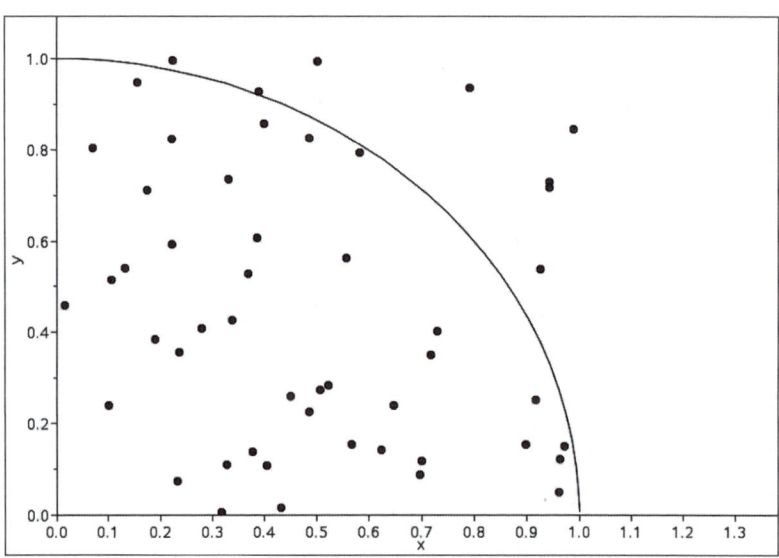

20. S stehe für „Sportler" und M für „Musiker".

Gegeben ist somit:

$|S| = 150$

$|S \cap M| = 40$

$|S \cap M| + |S \cap \overline{M}| + |\overline{S} \cap M| = 0,875 \cdot 400 = 350$

Deshalb haben $400 - 350 = 50$ Schüler keines der beiden Hobbys, womit sich folgende Vierfeldertafel ergibt:

	S	$\overline{S}$	
M	**40**	200	240
$\overline{M}$	110	**50**	160
	150	250	**400**

Die farbig gedruckten Zahlen sind gegeben.

Zu „genau eines der beiden Hobbys" gehören $S \cap \overline{M}$ und $\overline{S} \cap M$.

$110 + 200 = 310$

Genau eines der Hobbys haben 310 Schüler.

21. Es werden folgende Abkürzungen definiert: B für „Brille", f für „faul"

Gegeben:
$|B| = 72$
$|f| = 55$

Damit erhält man:

	B	$\overline{B}$	
f			55
$\overline{f}$			85
	72	68	140

Da keine weiteren Informationen vorliegen, schreibt man in eines der mittleren Felder ein x und füllt wie gewohnt aus:

	B	$\overline{B}$	
f	x	$55-x$	55
$\overline{f}$	$72-x$	$13+x$	85
	72	68	140

Da alle Zahlen der Tabelle nicht negativ sein dürfen, gilt:
$x \geq 0$ und $55-x \geq 0$ und $72-x \geq 0 \Rightarrow x \leq 55$

Hieraus folgt:
$x \in [0; 55]$

In der Aufgabenstellung ist nach der Anzahl derjenigen Schüler, die eine Brille haben, aber nicht faul sind, also nach $|B \cap \overline{f}|$ gefragt. Grenzen für diese Anzahl sind $72 - 0 = 72$ und $72 - 55 = 17$.
Die Zahl der Brillenträger, die nicht faul sind, ist mindestens 17 und höchstens 72.

22. K bedeute „Kaffee kommt" und M bedeute „Münze kommt".

Gegeben:
$|K| = 60$
$|M| = 35$
$|\overline{K} \cap \overline{M}| = 25$

	K	$\overline{K}$	
M	20	15	**35**
$\overline{M}$	40	**25**	65
	60	40	**100**

Die farbig gedruckten Zahlen sind gegeben.

Ereignis A

Münze kommt und Kaffee auch, also $A = M \cap K$.

$h_{100}(A) = \frac{20}{100} = 20\,\%$

Ereignis B

Münze kommt, aber der Kaffee nicht, also $B = M \cap \overline{K}$.

$h_{100}(B) = \frac{15}{100} = 15\,\%$

Ereignis C

Entweder kommt der Kaffee und die Münze nicht oder die Münze kommt und der Kaffee nicht, also $C = (K \cap \overline{M}) \cup (\overline{K} \cap M)$.

$h_{100}(C) = \frac{40}{100} + \frac{15}{100} = 55\,\%$

23. a) Größter Wert im März 2011: $h_n(\text{männlich}) \approx 0{,}516$
Kleinster Wert im Sep. 2011: $h_n(\text{männlich}) \approx 0{,}508$

Der langfristige Wert (siehe schwarze gestrichelte Linie) ist etwas kleiner als 0,513.

Abweichung im März 2011: $\dfrac{0{,}516 - 0{,}513}{0{,}513} \approx 0{,}58\,\%$

Abweichung im Sep. 2011: $\dfrac{0{,}508 - 0{,}513}{0{,}513} \approx -0{,}97\,\%$

b) März 2011:

Aus $h_n(\text{männlich}) \approx 0{,}516$ folgt $h_n(\text{weiblich}) \approx 1 - 0{,}516 = 0{,}484$.

Da die relative Häufigkeit $h_n(\text{weiblich})$ als „Zahl der Mädchen" geteilt durch „Zahl aller Neugeborenen" definiert ist, folgt:

$0{,}484 \approx \dfrac{25\,854}{n}$

$n \approx \dfrac{25\,854}{0{,}484}$

$n \approx 53\,417$

Im März 2011 wurden rund 53 400 Kinder geboren.

c) Sep. 2011:

Aus $h_n(\text{männlich}) \approx 0{,}508$ folgt $h_n(\text{weiblich}) \approx 1 - 0{,}508 = 0{,}492$.

$0{,}492 \cdot 60\,308 \approx 29\,672$

Im September wurden etwa 29 700 Mädchen geboren.

24. a) Die beiden bevölkerungsreichsten Bundesländer sind Nordrhein-Westfalen und Bayern.

NRW: $\frac{1\,825\,059}{17\,844\,472} \approx 10,23\,\%$

Bayern: $\frac{1\,134\,527}{12\,583\,538} \approx 9,02\,\%$

Man trifft in NRW eher einen Ausländer als in Bayern.

b) Anteil der in Bayern lebenden Ausländer an der Gesamtzahl der ausländischen Bevölkerung in Deutschland:

$\frac{1\,134\,527}{6\,930\,896} \approx 16,37\,\%$

c) In den fünf östlichen Bundesländern (Brandenburg, Mecklenburg-Vorpommern, Sachsen, Sachsen-Anhalt, Thüringen) leben 252 813 Ausländer. Insgesamt leben in diesen fünf Bundesländern 12 812 487 Menschen.

Anteil: $\frac{252\,813}{12\,812\,487} \approx 1,97\,\%$

In den elf westlichen Bundesländern leben insgesamt
6 930 896 − 252 813 = 6 678 083 Ausländer
und insgesamt 81 830 839 − 12 812 487 = 69 018 352 Bürger.

Anteil: $\frac{6\,678\,083}{69\,018\,352} \approx 9,68\,\%$

Man trifft also in den östlichen Ländern seltener einen Ausländer.

d) Hamburger deutscher Herkunft: 1 796 077 − 235 666 = 1 560 411

Verhältnis Hamburger deutscher Herkunft zu Hamburgern ausländischer Herkunft:

$\frac{1\,560\,411}{235\,666} \approx 6,6$

In Hamburg kommen auf einen Ausländer etwa 6,6 Deutsche.

e) Hier ist nach der absoluten Häufigkeit gefragt. Die meisten Ausländer leben in NRW und die wenigsten in Mecklenburg-Vorpommern.

25. 20 % entspricht 60 Versuchen, 10 % entspricht somit 30 Versuchen und 100 % entspricht 300 Versuchen.

Absolute Häufigkeit von Eichel: 300 − (75 + 60 + 63) = 102

Relative Häufigkeit von Eichel: $\frac{102}{300} = 34\,\%$

Relative Häufigkeit von Blatt: $\frac{75}{300} = 25\,\%$

Relative Häufigkeit von Herz: $\frac{63}{300} = 21\,\%$

	Eichel	Blatt	Schellen	Herz
absolute Häufigkeit	102	75	60	63
relative Häufigkeit	34 %	25 %	20 %	21 %

26. K bedeute „Klavier geübt" und G bedeute „Geige geübt".

Gegeben:
$|\,K\,| = 24$
$|\,G\,| = 39$
$|\,K \cap G\,| = 15$

Das Ereignis **„Klavier oder Geige geübt"** lässt sich in der Mengenschreibweise als **K ∪ G** schreiben. Für die zugehörige relative Häufigkeit ergibt sich mithilfe der Formel für die Vereinigung zweier Ereignisse:

$$h_{50}(K \cup G) = h_{50}(K) + h_{50}(G) - h_{50}(K \cap G)$$
$$= \frac{24}{50} + \frac{39}{50} - \frac{15}{50}$$
$$= 48\,\% + 78\,\% - 30\,\%$$
$$= 96\,\%$$

96 % der Studenten haben Klavier oder Geige geübt.

Bei **„keines der Instrumente"** ist nach $\overline{K} \cap \overline{G}$ gesucht. Wenn 96 % mindestens eines der beiden Instrumente (K ∪ G) geübt haben, haben 4 % keines der Instrumente geübt.

4 % von 50 = 2

Zwei Studenten haben weder Klavier noch Geige gespielt.

Alternativer Lösungsweg:
Die gegebenen absoluten Häufigkeiten können zunächst in einer Vierfeldertafel dargestellt werden, woraus dann die gesuchten Anzahlen abgelesen werden können.

	K	$\overline{K}$	
G	**15**	24	**39**
$\overline{G}$	9	2	11
	24	26	**50**

Die farbig gedruckten Zahlen sind gegeben.

Direkt ablesbar ist $|\overline{K} \cap \overline{G}| = 2$.

Die relative Häufigkeit von „Klavier oder Geige geübt" ergibt sich als

$$h_{50}(K \cup G) = 100\,\% - h_{50}(\overline{K} \cap \overline{G})$$

$$= 100\,\% - \frac{2}{50}$$

$$= 100\,\% - 4\,\%$$

$$= 96\,\%$$

oder:

$$h_{50}(K \cup G) = h_{50}(K \cap \overline{G}) + h_{50}(\overline{K} \cap G) + h_{50}(K \cap \overline{G})$$

$$= \frac{15}{50} + \frac{24}{50} + \frac{9}{50}$$

$$= 30\,\% + 48\,\% + 18\,\%$$

$$= 96\,\%$$

27. a) F stehe für „Fußball", V für „Volleyball" und S für „Schwimmen".

Da 4 Schüler alle drei Sportarten ausüben, kann man im Feld $F \cap V \cap S$ die 4 eintragen. Weil 6 Schüler Volleyball und Fußball spielen, aber nicht schwimmen, steht die 6 im Feld $F \cap V \cap \overline{S}$.

Vorsicht: „5 Fußballer schwimmen" bedeutet nicht, dass sie nicht Volleyball spielen würden. Da 5 Fußballer schwimmen, gibt es 1 Fußballer, der schwimmt, aber nicht Volleyball spielt. Im Feld $F \cap \overline{V} \cap S$ steht also die 1.

Eine ähnliche Überlegung führt zur 2 im Feld $\overline{F} \cap V \cap S$. Da von 50 Schülern 40 nicht schwimmen, gibt es 10 Schwimmer, weshalb also noch 3 im Feld $\overline{F} \cap \overline{V} \cap S$ fehlen. Um auf 17 Volleyballer zu kommen, fehlt die 5 im Feld $\overline{F} \cap V \cap \overline{S}$. Nun kann man die 21 im Feld $F \cap \overline{V} \cap \overline{S}$ eintragen.

Von den 50 Schülern sind nun nur 42 innerhalb der Mengenkreise vermerkt, weshalb sich 8 überhaupt nicht an den drei sportlichen Aktivitäten beteiligen.

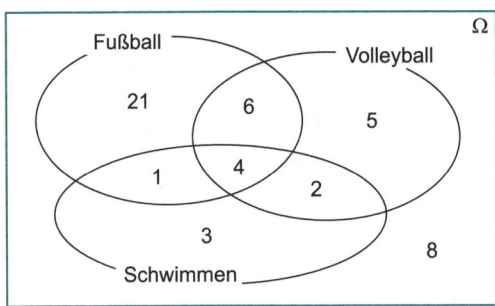

b) Es gibt 8 Schüler, die keine der drei Sportarten betreiben.

c) Genau zwei Sportarten betreiben $6 + 2 + 1 = 9$ Schüler.

$$h_{50}(A) = \frac{9}{50} = 18\,\%$$

Höchstens zwei Sportarten betreiben $50 - 4 = 46$ Schüler.

$$h_{50}(B) = \frac{46}{50} = 92\,\%$$

d) $\overline{A \cup B} = \overline{A} \cap \overline{B} \rightarrow \textbf{3 Sportarten}$
$\downarrow$
0 oder 1 oder 3 Sportarten

Es handelt sich um das Ereignis „Schüler mit allen drei Sportarten".

$$h_{50}(\text{alle drei Sportarten}) = \frac{4}{50} = 8\,\%$$

28. a) Wahrscheinlichkeitsverteilung:

Augenzahl	1	2	3	6
Wahrscheinlichkeit	$\frac{1}{6}$	$\frac{2}{6}$	$\frac{1}{6}$	$\frac{2}{6}$

b) **Ereignis A**
$A = \{1;\, 2\}$
$$P(A) = P(\{1;\, 2\}) = \frac{1}{6} + \frac{2}{6} = \frac{3}{6} = \frac{1}{2}$$

Ereignis B
$B = \{2;\, 3\}$
$$P(B) = P(\{2;\, 3\}) = \frac{2}{6} + \frac{1}{6} = \frac{3}{6} = \frac{1}{2}$$

Ereignis C
$C = \{1;\, 2;\, 6\}$
$$P(C) = P(\{1;\, 2;\, 6\}) = \frac{1}{6} + \frac{2}{6} + \frac{2}{6} = \frac{5}{6}$$

Ereignis D
$D = \{1;\, 2;\, 3;\, 6\}$
$$P(D) = P(\{1;\, 2;\, 3;\, 6\}) = 1 \qquad \text{sicheres Ereignis}$$

Ereignis E
$E = \{2;\, 3;\, 6\}$
$$P(E) = P(\{2;\, 3;\, 6\}) = \frac{2}{6} + \frac{1}{6} + \frac{2}{6} = \frac{5}{6}$$

29. Es werden folgende Abkürzungen eingeführt:

U – Urlauber

A – Alleinreisender

Da im Zug $\frac{2}{3}$ aller Reisenden Urlauber sind und von diesen jeder 5. alleine reist, gilt:

$P(U \cap A) = \frac{1}{5} \cdot \frac{2}{3} = \frac{2}{15} = \frac{4}{30}$

Gegeben ist zudem:

$P(\overline{U} \cap \overline{A}) = 10\,\% = \frac{1}{10}$

Hieraus lässt sich eine Vierfeldertafel erstellen:

	A	$\overline{A}$	
U	$\frac{4}{30}$	$\frac{16}{30}$	$\frac{20}{30}$
$\overline{U}$	$\frac{7}{30}$	$\frac{3}{30}$	$\frac{10}{30}$
	$\frac{11}{30}$	$\frac{19}{30}$	1

Die farbig gedruckten Zahlen sind gegeben.

Somit: $P(A) = \frac{11}{30} \approx 36,7\,\%$

Eine zufällig ausgewählte Person ist also mit der Wahrscheinlichkeit 36,7 % allein unterwegs.

30. Es werden folgende Abkürzungen eingeführt:

G – gegen Grippe geimpft

K – an Grippe erkrankt

Gegeben:

$P(K) = 0,25$

$P(\overline{G}) = 0,54$

$P(G \cap K) = 0,08$

Hieraus lässt sich eine Vierfeldertafel mit Wahrscheinlichkeiten erstellen:

	G	$\overline{G}$	
K	**0,08**	0,17	**0,25**
$\overline{K}$	0,38	0,37	0,75
	0,46	**0,54**	1

Die farbig gedruckten Zahlen sind gegeben.

Die gesuchten Wahrscheinlichkeiten sind nun direkt ablesbar.

a) $P(\overline{K} \cap G) = 0,38$

b) $P(\overline{K} \cap \overline{G}) = 0,37$

c) $P(G \cup \overline{K}) = P(G) + P(\overline{K}) - P(G \cap \overline{K}) = 0,46 + 0,75 - 0,38 = 0,83$

31. Allgemein gilt:

$P(A \cup B) = P(A) + P(B) - P(A \cap B)$

Setzt man die gegebenen Werte ein, so erhält man:

$0,42 \overset{?}{=} 0,27 + 0,38 - P(A \cap B)$

Löst man die Gleichung nach $P(A \cap B)$ auf, so ergibt sich:

$P(A \cap B) \overset{?}{=} 0,27 + 0,38 - 0,42 = 0,23$

Die Aufgabe von Daniela ist also lösbar, da 0,23 eine mögliche Wahrscheinlichkeit ist.

$P(\overline{A} \cap \overline{B}) = 1 - P(A \cup B) = 1 - 0,42 = 0,58$

32. Dimitri würfelt zweimal mit einem Würfel. Bei jedem Wurf kann die 1, 2, 3, 4, 5 oder 6 fallen. Jede dieser Zahlen fällt mit der Wahrscheinlichkeit $\frac{1}{6}$.

Insgesamt gibt es also 36 gleich wahrscheinliche Wurfergebnisse (siehe Abbildung).

11	12	13	14	15	16
21	22	23	24	25	26
31	32	33	34	35	36
41	42	43	44	45	46
51	52	53	54	55	56
61	62	63	64	65	66

 1 Ergebnis   für Note 1: 11
 3 Ergebnisse für Note 2: 21; 22; 12
 5 Ergebnisse für Note 3: 31; 32; 33; 23; 13
 7 Ergebnisse für Note 4: 41; 42; 43; 44; 34; 24; 14
 9 Ergebnisse für Note 5: 51; 52; 53; 54; 55; 45; 35; 25; 15
11 Ergebnisse für Note 6: 61; 62; 63; 64; 65; 66; 56; 46; 36; 26; 16

Damit ergibt sich die Wahrscheinlichkeitsverteilung:

Note	1	2	3	4	5	6
P(Note)	$\frac{1}{36}$	$\frac{3}{36}$	$\frac{5}{36}$	$\frac{7}{36}$	$\frac{9}{36}$	$\frac{11}{36}$

33. Insgesamt gibt es 36 gleich wahrscheinliche Wurfergebnisse.

Zwei Sechser gibt es nur einmal, nämlich beim Wurf 66. Genau einen Sechser gibt es zehnmal, nämlich bei 16, 26, 36, 46, 56, 61, 62, 63, 64 und 65. In 11 von 36 Fällen gibt es also einen Rabatt.

$\frac{11}{36} \approx 30,56\,\%$

Etwa 30,56 % der Kunden erhalten einen Rabatt.

34. Da der Buchstabe wieder zurückgelegt wird, gibt es in jedem Zug 26 mögliche Buchstaben. Jeder Buchstabe wird mit der Wahrscheinlichkeit $\frac{1}{26}$ gezogen.

Die Wahrscheinlichkeit, einen bestimmten der 26 Buchstaben dreimal zu ziehen, ist $\frac{1 \cdot 1 \cdot 1}{26 \cdot 26 \cdot 26} = \left(\frac{1}{26}\right)^3$.

Man kann entweder dreimal den Buchstaben A oder dreimal den Buchstaben B … oder dreimal den Buchstaben Z ziehen. Daher muss obige Wahrscheinlichkeit, dreimal denselben Buchstaben zu ziehen, noch mit 26 multipliziert werden.

$$P(\text{dreimal denselben Buchstaben}) = \frac{1 \cdot 1 \cdot 1}{26 \cdot 26 \cdot 26} \cdot 26 \approx 0,15\,\%$$

35. Durch 4 teilbar: 4, 8, 12, 16, 20 $\Rightarrow$ 5 Möglichkeiten
Durch 5 teilbar: 5, 10, 15, 20 $\Rightarrow$ 3 weitere Möglichkeiten

Jan zieht also mit einer Wahrscheinlichkeit von $\frac{8}{20} = 40\,\%$ eine Kugel, deren Zahl durch 4 oder durch 5 teilbar ist.

36. a) Baumdiagramm:

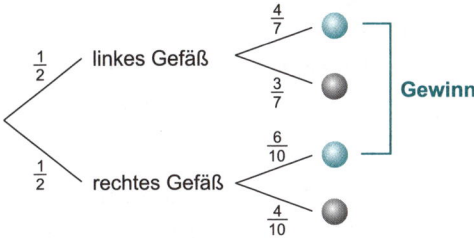

Gewinnwahrscheinlichkeit:

$$P(\text{Britta gewinnt}) = \frac{1}{2} \cdot \frac{4}{7} + \frac{1}{2} \cdot \frac{6}{10} = \frac{41}{70} \approx 58,57\,\%$$

b) Am besten, man löst diese Aufgabe durch Probieren. Es ist naheliegend, in eines der beiden Gefäße nur farbige Kugeln zu legen, weil Britta dann mit Sicherheit gewinnt, wenn aus diesem Gefäß gezogen wird.

1 farbige Kugel im linken Gefäß

$$P(\text{Britta gewinnt}) = \frac{1}{2} \cdot \frac{1}{1} + \frac{1}{2} \cdot \frac{9}{16} = \frac{25}{32} \approx 78,13\,\% \ > \ 75\,\% \ \checkmark$$

2 farbige Kugeln im linken Gefäß

$$P(\text{Britta gewinnt}) = \frac{1}{2} \cdot \frac{2}{2} + \frac{1}{2} \cdot \frac{8}{15} = \frac{23}{30} \approx 76,67\,\% \ > \ 75\,\% \ \checkmark$$

3 farbige Kugeln im linken Gefäß

$$P(\text{Britta gewinnt}) = \frac{1}{2} \cdot \frac{3}{3} + \frac{1}{2} \cdot \frac{7}{14} = \frac{3}{4} = 75\,\% \ \text{ reicht nicht}$$

Evelyn könnte in eines der beiden Gefäße z. B. eine farbige Kugel oder zwei farbige Kugeln legen und alle anderen Kugeln in das zweite Gefäß.

37. Es liegt eine Drei-Mindestens-Aufgabe vor, auch wenn statt „mindestens" einmal **„mehr als"** steht. Gesucht ist die Anzahl n der Frauen, die der Junggeselle ansprechen muss, sodass P(mindestens eine ledige Frau) > 0,99 gilt.

$$P(\text{mindestens eine ledige Frau}) > 0,99$$
$$1 - P(\text{keine ledige Frau}) > 0,99 \qquad \text{Gegenereignis}$$
$$1 - 0,35^n > 0,99 \qquad \begin{array}{l}\text{P(ledige Frau)} = 0,65\\ \Rightarrow \text{P(keine ledige Frau)} = 0,35\end{array}$$
$$0,35^n < 0,01$$
$$n \cdot \lg 0,35 < \lg 0,01 \qquad \text{Logarithmus anwenden}$$
$$n > \frac{\lg 0,01}{\lg 0,35} \qquad \begin{array}{l}\text{Achtung: Ungleichheitszeichen}\\ \text{dreht sich um, da } \lg 0,35 \text{ negativ ist!}\end{array}$$
$$n > 4,39$$

Der Junggeselle muss mindestens 5 Frauen ansprechen.

38. A stehe für „Alexander gewinnt ein Spiel".
H stehe für „Hannes gewinnt ein Spiel".

Die Situation kann in einem Baumdiagramm veranschaulicht werden:

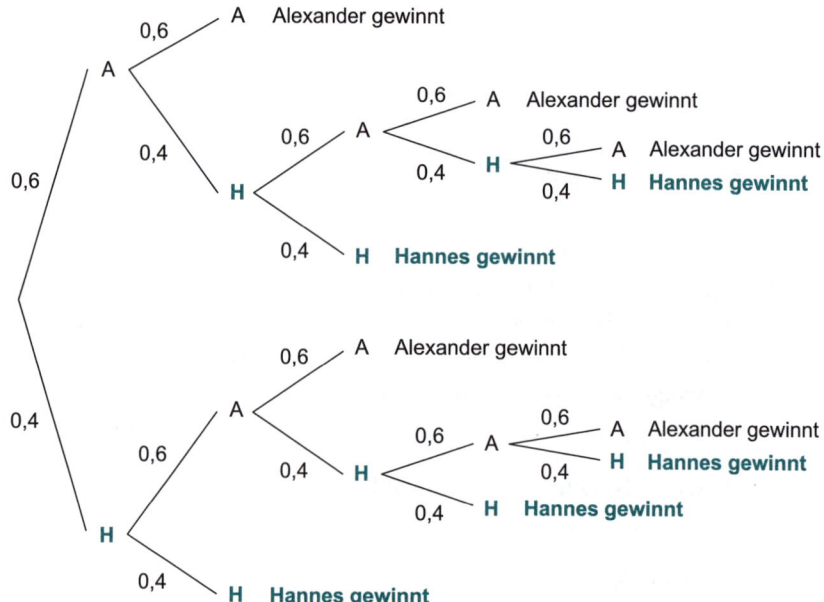

Insgesamt führen 5 Pfade zum Sieg von Hannes. Für die gesuchte Wahrscheinlichkeit folgt somit:

P(Hannes wird Sieger)
$= P(AHAHH) + P(AHH) + P(HAHAH) + P(HAHH) + P(HH)$
$= 0,6 \cdot 0,4 \cdot 0,6 \cdot 0,4 \cdot 0,4 + 0,6 \cdot 0,4 \cdot 0,4 + 0,4 \cdot 0,6 \cdot 0,4 \cdot 0,6 \cdot 0,4$
$\quad + 0,4 \cdot 0,6 \cdot 0,4 \cdot 0,4 + 0,4 \cdot 0,4$
$\approx 34,05\,\%$

39. 3 Seiten des Würfels sind mit A, 2 Seiten mit T und 1 Seite mit H beschriftet.

$P(A) = \frac{3}{6}; \quad P(T) = \frac{2}{6}; \quad P(H) = \frac{1}{6}$

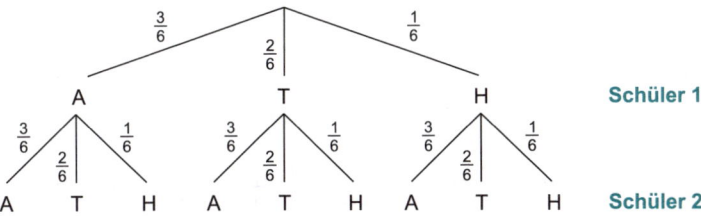

Wenn sich beide Schüler unterschiedlich verhalten sollen, dann würfeln sie unterschiedliche Ergebnisse, z. B. AH oder TA. Einfacher ist es, das Gegenereignis „beide Schüler verhalten sich gleich" zu verwenden, denn dann muss man nur die drei Ergebnisse AA, TT und HH betrachten.

$P(U) = 1 - P(\overline{U}) = 1 - (P(AA) + P(TT) + P(HH))$
$\qquad = 1 - \left(\frac{3}{6} \cdot \frac{3}{6} + \frac{2}{6} \cdot \frac{2}{6} + \frac{1}{6} \cdot \frac{1}{6} \right) \approx 61,11\,\%$

Mindestens ein Schüler soll alle Stunden des Tages besuchen, der Würfel muss also mindestens einmal ein A zeigen. Würfelt Schüler 1 ein A, so ist es egal, was Schüler 2 wirft. Wirft Schüler 1 ein T oder ein H, muss Schüler 2 ein A werfen.

$P(M) = \frac{3}{6} \cdot 1 + \frac{2}{6} \cdot \frac{3}{6} + \frac{1}{6} \cdot \frac{3}{6} = \frac{3}{4} = 75\,\%$

40. a) Herr Wendland kann im ungünstigsten Fall zuerst eine graue Socke und dann eine grüne bzw. zuerst eine grüne und dann eine graue Socke ziehen. Beim dritten Zug zieht er dann grau oder grün und kann somit mit Sicherheit ein farblich zusammenpassendes Paar bilden.

b) Wenn er Pech hat, zieht er erst alle 12 grauen Socken. Also hat er nach mindestens 14 Ziehungen mit Sicherheit ein grünes Paar.

c) Die Situation kann man sich an einem Baumdiagramm verdeutlichen:

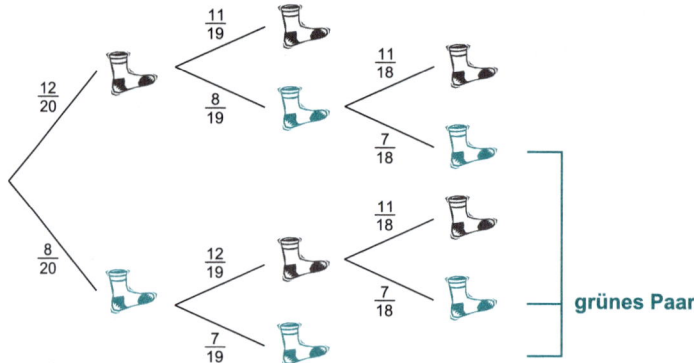

Beim obersten Pfad wurde bereits nach zwei Ziehungen abgebrochen, da nach drei Ziehungen keine zwei grünen Socken mehr möglich sind. Beim untersten Pfad ist ein dritter Zug unnötig, da bereits zwei Socken grün sind.

$$P(\text{zwei grüne Socken}) = \frac{12}{20} \cdot \frac{8}{19} \cdot \frac{7}{18} + \frac{8}{20} \cdot \frac{12}{19} \cdot \frac{7}{18} + \frac{8}{20} \cdot \frac{7}{19} \approx 34,39\,\%$$

41. a) Im Kasten liegen insgesamt $120 + 360 + 80 = 560$ Karten. Jede Karte wird also mit der Wahrscheinlichkeit $\frac{1}{560}$ gezogen.

Es ist gleichgültig, welche Karte Olivia zieht, Claus muss im Anschluss auch diese Karte ziehen.

$$P(\text{dieselbe Karte}) = 1 \cdot \frac{1}{560} = \frac{1}{560}$$

b) Das Gegenereignis von „mindestens eine Geschichtskarte" ist „keine Geschichtskarte". Die gesuchte Wahrscheinlichkeit ergibt sich also zu:

$P(\text{mindestens eine Geschichtskarte}) = 1 - P(\text{keine Geschichtskarte})$

$$= 1 - \left(\frac{120 + 360}{560}\right)^4 \approx 46,02\,\%$$

c) Da Claus jede gezogene Karte wieder zurücklegt, kann es theoretisch unendlich lange dauern.

d) Die Zahl der Karten im Kasten nimmt pro Zug um 1 ab.

$P(\text{mindestens eine Geschichtskarte}) = 1 - P(\text{keine Geschichtskarte})$

$$= 1 - \frac{480}{560} \cdot \frac{479}{559} \cdot \frac{478}{558} \cdot \frac{477}{557} \approx 46,12\,\%$$

Die Wahrscheinlichkeit, mindestens eine Geschichtskarte zu ziehen, wird aufgrund der hohen Kartenzahl im Kasten nur minimal größer. Der Einfluss, die gezogenen Karten nicht zurückzulegen, ist somit gering.

42. a) Ein Fischgericht ist mit einer Wahrscheinlichkeit von 99,7 % in Ordnung. Betrachtet wird das Gegenereignis, dass kein Fischgericht verdorben war.

P(mindestens einmal den Magen verdorben)
$= 1 - P(\text{bei } 40 \text{ Essen kein schlechter Fisch})$
$= 1 - 0{,}997^{40} \approx 11{,}32\,\%$

b) Es liegt eine Drei-Mindestens-Aufgabe vor. Gesucht ist die Anzahl n der Fischgerichte, die er essen muss, sodass P(mindestens einmal Magen verderben) $\geq 0{,}9$ gilt.

$$P(\text{mindestens einmal Magen verderben}) \geq 0{,}90$$
$$1 - P(\text{keinmal Magen verderben}) \geq 0{,}90 \qquad \text{Gegenereignis}$$
$$1 - 0{,}997^n \geq 0{,}90$$
$$0{,}997^n \leq 0{,}10$$
$$n \cdot \lg 0{,}997 \leq \lg 0{,}10 \qquad \text{Logarithmus anwenden}$$
$$n \geq \frac{\lg 0{,}10}{\lg 0{,}997} \qquad \begin{array}{l}\text{Achtung: Ungleichheits-}\\\text{zeichen dreht sich um, da}\\\lg 0{,}997 \text{ negativ ist!}\end{array}$$
$$n \geq 766{,}4$$

Der Lehrer müsste mindestens 767 Schulwochen jeden Freitag Fisch essen, damit er mit einer Wahrscheinlichkeit von mindestens 90 % mindestens eine Magenverstimmung hat.

c) **Frage 1**
Es gibt 8 Münzsorten:

Die 1-ct-Münze kann mit allen 8 Münzen kombiniert werden. Da es auf die Reihenfolge nicht ankommt, kann die 2-ct-Münze nur noch mit 7 Münzen (alle außer 1-ct-Münze) kombiniert werden, die 5-ct-Münze noch mit 6, die 10-ct-Münze nur noch mit 5 … und die 2-€- Münze nur noch mit sich selbst kombiniert werden.
Also gibt es $8 + 7 + 6 + 5 + 4 + 3 + 2 + 1 = 36$ Möglichkeiten, mit genau zwei Münzen verschiedene Geldbeträge zu bilden.

Frage 2
Beim Bezahlen mit nur einer Münze gibt es zusätzlich zu den Geldbeträgen aus Frage 1 noch drei weitere Beträge, nämlich: 1 ct und 5 ct und 50 ct. Die anderen Münzbeträge wurden bereits aus zwei Münzen kombiniert, etwa 20 ct aus zwei 10-ct-Münzen. Es gibt also 39 verschiedene Geldbeträge.

43. a) P(alle 5 Fragen richtig) $= 0{,}64^5 \approx 10{,}74\,\%$

b) Es liegt eine Drei-Mindestens-Aufgabe vor. Gesucht ist die Anzahl n der Fragen, die Eleni gestellt werden müssen, sodass P(mindestens eine Frage richtig) $> 0{,}95$ gilt.

Die Wahrscheinlichkeit, dass eine Frage nicht richtig beantwortet wird, beträgt $1 - 0{,}37 = 0{,}63$.

$$P(\text{mindestens eine Frage richtig}) > 0{,}95$$
$$1 - P(\text{keine Frage richtig}) > 0{,}95 \qquad \text{Gegenereignis}$$
$$1 - 0{,}63^n > 0{,}95$$
$$0{,}63^n < 0{,}05$$
$$n \cdot \lg 0{,}63 < \lg 0{,}05 \qquad \text{Logarithmus anwenden}$$
$$n > \frac{\lg 0{,}05}{\lg 0{,}63} \qquad \begin{array}{l}\text{Achtung: Ungleichheits-}\\ \text{zeichen dreht sich um, da}\\ \lg 0{,}63 \text{ negativ ist!}\end{array}$$
$$n > 6{,}48$$

Eleni müssen mindestens 7 Fragen gestellt werden, damit sie mit einer Wahrscheinlichkeit von mehr als 95 % mindestens eine Frage richtig beantworten kann.

44. a) Ein Kind ist mit der Wahrscheinlichkeit $\frac{1}{7}$ ein Sonntagskind, da angenommen werden soll, dass jeder Wochentag gleich wahrscheinlich ist.

Betrachtet wird das Gegenereignis „kein Sonntagskind", dann ergibt sich:

P(mindestens ein Sonntagskind) $= 1 - P(\text{kein Sonntagskind})$

$$= 1 - \left(\frac{6}{7}\right)^{24} \approx 97{,}53\,\%$$

Sam trifft mit einer Wahrscheinlichkeit von etwa 97,5 % auf mindestens ein weiteres Sonntagskind.

b) Es liegt eine Drei-Mindestens-Aufgabe vor. Das Gegenereignis ist bereits in Teilaufgabe a definiert worden.

$$1 - \left(\frac{6}{7}\right)^n \geq 0{,}885$$
$$\left(\frac{6}{7}\right)^n \leq 0{,}115$$
$$n \cdot \lg \frac{6}{7} \leq \lg 0{,}115$$
$$n \geq \frac{\lg 0{,}115}{\lg \frac{6}{7}}$$
$$n \geq 14{,}03$$

In der Klasse müssen (ohne Sam) mindestens 15 Kinder sein.

45. Für jeden der 6 Punkte gibt es 2 Möglichkeiten (geprägt oder nicht). Also kann man $2^6 = 64$ verschiedene Zeichen darstellen.

46.

		Xaver?	Xaver?	**Sofia**	Xaver?	Xaver?			

Sofia sitzt auf dem 5. Platz von links. Xaver hat dann 4 Möglichkeiten, sich zu setzen, Lisa noch 3.

Die vierte Person hat dann noch 7 mögliche Plätze zur Auswahl, die fünfte noch 6, …, die 10. Person noch einen.

Anzahl der Sitzanordnungen:
$1 \cdot 4 \cdot 3 \cdot 7 \cdot 6 \cdot 5 \cdot 4 \cdot 3 \cdot 2 \cdot 1 = 12 \cdot 7! = 60\,480$

47. Die 144 Varianten ergeben sich aus 4 Prozessoren, 3 Festplatten, 2 Player-optionen und k Grafikkarten.

$4 \cdot 3 \cdot 2 \cdot k = 144 \implies k = 6$

Es werden 6 verschiedene Grafikkarten angeboten.

48.

3	1	10	5

$\llcorner$ {0; 2; 4; 6; 8}

$\llcorner$ alle Ziffern möglich

$\llcorner$ festgelegt, da gleich mit Zehnerziffer

$\llcorner$ {7; 8; 9}

Es ergeben sich vorerst $3 \cdot 1 \cdot 10 \cdot 5 = 150$ Möglichkeiten, doch Vorsicht, darunter ist auch die Zahl 7 000. Peter muss im ungünstigsten Fall also 149 Zahlen ausprobieren.

Bei jedem der vier Ringe des Zahlenschlosses können die zehn Ziffern 0 bis 9 gewählt werden. Insgesamt gibt es somit $10 \cdot 10 \cdot 10 \cdot 10 = 10\,000$ Ziffernkombinationen. Peter muss also $10\,000 - 149 = 9\,851$ Möglichkeiten nicht ausprobieren.

49. Da jede Anordnung der Bücher gleich wahrscheinlich ist, lässt sich die Wahrscheinlichkeit nach Laplace berechnen.

Günstige Möglichkeiten

Stehen alle Romane nebeneinander, so hat man 5 Romane für den ganz linken Platz, noch 4 für den Platz daneben, noch 3 für den mittleren Platz usw. zur Auswahl. Die fünf Romane können also auf $5! = 5 \cdot 4 \cdot 3 \cdot 2 \cdot 1$ Arten nebeneinandergestellt werden. Die vier Sachbücher können analog auf 4! Arten und die drei Gedichtbände auf 3! Arten nebeneinandergestellt werden.

Weiterhin lassen sich die 3 Literaturgattungen auf 3! Arten anordnen (Romane-Sachbücher-Gedichte, Sachbücher-Romane-Gedichte usw.).

Insgesamt gibt es also $5! \cdot 4! \cdot 3! \cdot 3! = 103\,680$ Anordnungen, bei denen die Bücher derselben Gattung nebeneinanderstehen.

Alle Möglichkeiten

Bei beliebiger Aufstellung der 12 Bücher gibt es $12! = 479\,001\,600$ Möglichkeiten.

Wahrscheinlichkeit

$$P(\text{gleiche Gattung nebeneinander}) = \frac{5! \cdot 4! \cdot 3! \cdot 3!}{12!} \approx 0,022\,\%$$

50. Zwar werden die Personen zunächst nach Geschlecht unterschieden, aber dennoch sind sowohl die Damen als auch die Herren unterscheidbar. Für die Reihenfolge der Damen gibt es 4! Möglichkeiten, ebenso für die Herren.

Entweder beginnt eine Dame oder ein Herr, das sind 2 Möglichkeiten.

Insgesamt gibt es also $2 \cdot 4! \cdot 4! = 1\,152$ Möglichkeiten.

51. Ja, denn für jede Stelle im „Wort aus 4 Buchstaben" gibt es 6 mögliche Buchstaben und es lassen sich also $6^4 = 1\,296$ „Wörter" bilden.

Bemerkung: Da Wiederholungen möglich sind, kommt dabei z. B. auch das Wort ELLA vor.

52. Für die Besetzung der drei Stellen gibt es jeweils fünf mögliche Ziffern. Es gibt also insgesamt $5^3 = 125$ verschiedene Zahlen.

a) Wenn die Zahl durch 5 teilbar ist, muss die Einerziffer 5 sein (die Einerziffer 0 steht hier nicht zur Verfügung). Für die beiden anderen Stellen gibt es jeweils fünf verschiedene Möglichkeiten. Es lassen sich also $5^2 \cdot 1 = 25$ Zahlen bilden. Für die Wahrscheinlichkeit ergibt sich:

$$P(\text{durch 5 teilbar}) = \frac{25}{125} = 20\,\%$$

b) Die Hunderterstelle kann nur mit 1, 3 oder 5 besetzt werden. Für die beiden anderen Stellen gibt es jeweils fünf verschiedene Möglichkeiten. Es gibt also $3 \cdot 5^2 = 75$ Zahlen, die kleiner als 600 sind.

$$P(\text{kleiner als 600}) = \frac{75}{125} = 60\,\%$$

c) Ist die Hunderterstelle 5, so gibt es die vier Zahlen 516, 515, 513 und 511. Ist die Hunderterstelle 1 oder 3, können die beiden anderen Stellen mit allen zur Verfügung stehenden Ziffern besetzt werden. Dafür gibt es

$2 \cdot 5^2 = 50$ Zahlen.

Insgesamt lassen sich 54 Zahlen kleiner als 519 bilden.

P(kleiner als 519) $= \frac{54}{125} = 43,2\,\%$

53. a) Da für jede der 9 Lampen 4 Farben möglich sind, gibt es 4^9 verschiedene Schaltungen.

Arbeitszeit:

$7\ \text{min} \cdot 4^9 = 1\,835\,008\ \text{min} = \frac{1\,835\,008}{60 \cdot 24 \cdot 365}$ Jahre $\approx 3,5$ Jahre

Christoph müsste etwa 3,5 Jahre Tag und Nacht arbeiten.

b) Für eine der 4 Ecklampen gibt es 4 mögliche Farben, die Farbe der anderen drei Ecken ist dann festgelegt. Für die restlichen 5 Lampen stehen wieder jeweils alle vier Farben zur Verfügung:

$4 \cdot 1 \cdot 1 \cdot 1 \cdot 4^5 = 4^6$ günstige Fälle

Die gesuchte Wahrscheinlichkeit ergibt sich als Laplace-Wahrscheinlichkeit:

P(Ecklampen in gleicher Farbe) $= \frac{4^6}{4^9} = \frac{1}{4^3} \approx 0,0156 = 1,56\,\%$

54. a) Aus der Menge der 6 Buchstaben (n = 6) werden 4 für das „Wort" (k = 4) ausgewählt.

$\frac{6!}{(6-4)!} = \frac{6!}{2!} = 360$

Carla hat also nicht recht.

b) Man möchte alle n = 6 zur Verfügung stehenden Buchstaben zu „Wörtern" zusammensetzen, k ist also ebenfalls gleich 6.

$\frac{6!}{(6-6)!} = \frac{6!}{0!} = 6! = 720$

Man kann also mehr als 500 verschiedene „Wörter" bilden.

55. a) Bei beliebiger Aufstellung hat das erste Auto 20 Plätze zur Verfügung, das zweite noch 19, das dritte noch 18 usw. Das zwölfte Auto hat noch 9 freie Plätze zur Auswahl.

Für die Anzahl aller Möglichkeiten folgt somit:

$20 \cdot 19 \cdot 18 \cdot \ldots \cdot 9 \approx 6,0 \cdot 10^{13}$

Hinweis: Alternativ kann man diese Anzahl auch als $\frac{20!}{(20-12)!}$ angeben.

b) Stehen die blauen Autos nebeneinander, so können sie als Block aufgefasst werden, wobei der Anfang des Blocks vom 1. Platz bis zum 16. Platz verschoben werden kann. Dies sind also 16 Möglichkeiten.

Die Anordnung der blauen Autos in diesem Block ist auf 5! Arten möglich. Die restlichen 7 Autos können noch auf 15 Plätze verteilt werden, wofür es $15 \cdot 14 \cdot 13 \cdot 12 \cdot 11 \cdot 10 \cdot 9$ bzw. $\frac{15!}{(15-7)!}$ Möglichkeiten gibt.

Anzahl der Möglichkeiten, bei denen die blauen Autos nebeneinanderstehen:

$$16 \cdot 5! \cdot \frac{15!}{(15-7)!} \approx 6,2 \cdot 10^{10}$$

56. a) Für die 6 Positionen der Artisten gibt es 6! Möglichkeiten. Für jede dieser Möglichkeiten können die 6 Bälle auf 6! Arten verteilt werden. Insgesamt sind es also $6! \cdot 6! = 518\,400$ unterschiedliche Pyramiden.

b) Die 3 schwersten Artisten können sich auf 3! Arten aufstellen.
Die restlichen 3 Artisten können ebenfalls auf 3! Arten auf den restlichen 3 Plätzen stehen. Der oberste Artist kann auf 2 Arten die 2 Bälle (Gold, Silber) halten. Für die anderen 4 Bälle gibt es 4! Möglichkeiten.

Anzahl insgesamt:
$3! \cdot 3! \cdot 2 \cdot 4! = 1\,728$

Also gibt es $518\,400 - 1\,728 = 516\,672$ weniger Möglichkeiten als in Teilaufgabe a.

57. 14 von 28 Schülern müssen die Gruppe A bearbeiten. Es gibt also $\binom{28}{14}$ mögliche Verteilungen der Gruppe A an die Schüler.

Da der Binomialkoeffizient die Reihenfolge nicht berücksichtigt, sind die ersten 14 Schüler der alphabetischen Klassenliste somit nur einmal in $\binom{28}{14}$ enthalten.

Also bearbeiten bei genau einer dieser Verteilungen die ersten 14 Schüler der alphabetischen Klassenliste die Gruppe A.

$$P(\text{erste Klassenhälfte}) = \frac{1}{\binom{28}{14}} = \frac{1}{40\,116\,600} \approx 2,49 \cdot 10^{-8}$$

58. Die Fragestellung kann mit dem **Urnenmodell des Ziehens ohne Zurücklegen** beantwortet werden.
- In der Kugeltrommel liegen **N = 49** Kugeln.
- Hiervon werden **n = 6** getippt.
- Es gibt **K = 6** richtige Zahlen.

- Um **k = 4** Richtige zu tippen, muss man 4 aus den 6 richtigen Zahlen und $6-4=2$ aus den restlichen $49-6=43$ Zahlen auswählen.

$$P(\text{genau vier Richtige}) = \frac{\binom{6}{4} \cdot \binom{43}{2}}{\binom{49}{6}} = \frac{13\,545}{13\,983\,816} \approx 9,7 \cdot 10^{-4}$$

59. a) Von den $N = 12$ neuen Teilnehmern, ist man bei jedem Kurs an dem Ehepaar ($K = 2$) interessiert.

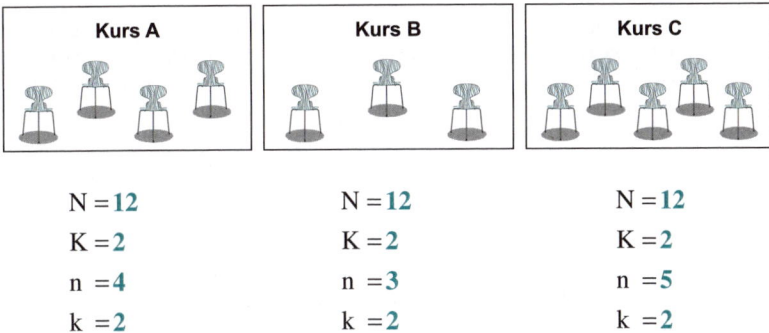

Kurs A	Kurs B	Kurs C
$N = 12$	$N = 12$	$N = 12$
$K = 2$	$K = 2$	$K = 2$
$n = 4$	$n = 3$	$n = 5$
$k = 2$	$k = 2$	$k = 2$

b) Gesucht ist die Wahrscheinlichkeit dafür, dass das Ehepaar im Kurs A ist. Die Parameter wurden bereits in Teilaufgabe a bestimmt.

$$P(\text{Ehepaar in A}) = \frac{\binom{2}{2} \cdot \binom{10}{2}}{\binom{12}{4}} \approx 9,09\,\%$$

c) Entweder ist das Ehepaar in Kurs A oder in Kurs B oder in Kurs C.

$$P(\text{Ehepaar in A oder B oder C}) = \frac{\binom{2}{2} \cdot \binom{10}{2}}{\binom{12}{4}} + \frac{\binom{2}{2} \cdot \binom{10}{1}}{\binom{12}{3}} + \frac{\binom{2}{2} \cdot \binom{10}{3}}{\binom{12}{5}} \approx 28,79\,\%$$

1. Summand: Die vier Plätze des Kurses A werden mit dem Ehepaar und 2 weiteren neuen Kunden (aus den restlichen $12-2=10$ Kunden) belegt.

2. Summand: Die drei Plätze des Kurses B werden mit dem Ehepaar und 1 weiteren Neukunden belegt.

3. Summand: Die fünf Plätze des Kurses C werden mit dem Ehepaar und 3 weiteren neuen Kunden belegt.

60. Die Fragestellung kann mit dem **Urnenmodell des Ziehens ohne Zurücklegen** beantwortet werden.
- Insgesamt gibt es $N = 80$ Themen.
- Hiervon werden $n = 3$ ausgelost.

- **K = 50** Themen hat Hannes vorbereitet.
- Gefragt ist danach, dass Hannes mindestens 2 der 3 ausgelosten Themen vorbereitet hat. Mindestens 2 von 3 bedeutet „genau 2" oder „genau 3", also **k = 2 oder k = 3**.

Im Zähler steht also eine Summe:

$$\binom{50}{2} \cdot \binom{30}{1} + \binom{50}{3} \cdot \binom{30}{0}$$

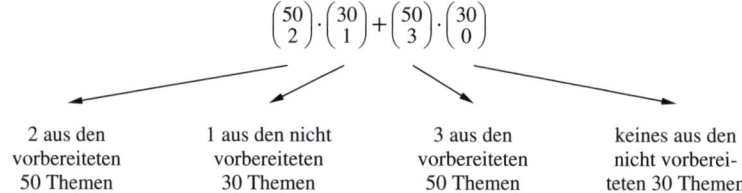

| 2 aus den vorbereiteten 50 Themen | 1 aus den nicht vorbereiteten 30 Themen | 3 aus den vorbereiteten 50 Themen | keines aus den nicht vorbereiteten 30 Themen |

Die Wahrscheinlichkeit ergibt sich zu:

$$P(\text{mindestens 2 vorbereitete Themen}) = \frac{\binom{50}{2} \cdot \binom{30}{1} + \binom{50}{3} \cdot \binom{30}{0}}{\binom{80}{3}} \approx 68,59\,\%$$

61. Aus **N = 26** Buchstaben werden **n = 6** ausgewählt $\Rightarrow$ Nenner $\binom{26}{6}$

a) Das Alphabet besitzt **K = 5** Vokale. Damit das Wort aus 6 Buchstaben 2 Vokale hat, müssen **k = 2** aus 5 Vokalen und zudem 4 aus 21 Konsonanten gewählt werden.

$$P(\text{2 Vokale}) = \frac{\binom{5}{2} \cdot \binom{21}{4}}{\binom{26}{6}} \approx 26,0\,\%$$

b) Im Alphabet gibt es genau ein Z, also **K = 1**. Da dieses Z im Wort vorkommen soll, ist nach **k = 1** gefragt. Die restlichen 5 Buchstaben des Worts stammen aus den restlichen 25 Buchstaben des Alphabets.

$$P(\text{enthält Z}) = \frac{\binom{1}{1} \cdot \binom{25}{5}}{\binom{26}{6}} \approx 23,08\,\%$$

c) Man kann sich die Lösung wie in Teilaufgabe b überlegen. Das A, das Z und das X kommen je einmal im Alphabet vor. Sowohl das A als auch das Z als auch das X sollen im Wort enthalten sein. Die restlichen 3 Buchstaben stammen aus den übrigen 23 Buchstaben des Alphabets.

$$P(\text{enthält A, Z, X}) = \frac{\binom{1}{1} \cdot \binom{1}{1} \cdot \binom{1}{1} \cdot \binom{23}{3}}{\binom{26}{6}} \approx 0,77\,\%$$

d) **Lösungsmöglichkeit 1**

Zuerst müssen das A, das Z und 4 weitere Buchstaben aus den restlichen 24 Buchstaben des Alphabets gewählt werden. Der erste und der letzte Buchstabe des Worts sind festgelegt.

Danach muss A am ersten von 6 Plätzen stehen: Wahrscheinlichkeit $\frac{1}{6}$

Z muss am letzten der restlichen 5 Plätze stehen: Wahrscheinlichkeit $\frac{1}{5}$

$$P(\text{beginnt mit A, endet auf Z}) = \frac{\binom{1}{1}\cdot\binom{1}{1}\cdot\binom{24}{4}}{\binom{26}{6}}\cdot\frac{1}{6}\cdot\frac{1}{5} \approx 0{,}15\,\%$$

Lösungsmöglichkeit 2

Die Aufgabe lässt sich auch mithilfe der Vorstellung eines Baumdiagramms lösen. Wesentlich ist dabei nur der Pfad A$\overline{Z}\,\overline{Z}\,\overline{Z}\,\overline{Z}$Z.

$$P(\text{beginnt mit A, endet auf Z}) = \frac{1}{26}\cdot\frac{24}{25}\cdot\frac{23}{24}\cdot\frac{22}{23}\cdot\frac{21}{22}\cdot\frac{1}{21} = \frac{1}{26}\cdot\frac{1}{25} \approx 0{,}15\,\%$$

e) **Lösungsmöglichkeit 1**

Die Überlegung ist dieselbe wie in Teilaufgabe d, Lösungsmöglichkeit 1, nur ist es nun egal, wo das Z steht, weshalb der Faktor $\frac{1}{5}$ wegfällt.

$$P(\text{beginnt mit A, enthält Z}) = \frac{\binom{1}{1}\cdot\binom{1}{1}\cdot\binom{24}{4}}{\binom{26}{6}}\cdot\frac{1}{6} \approx 0{,}77\,\%$$

Lösungsmöglichkeit 2

Man kann sich auch erst überlegen, wie wahrscheinlich es ist, das A für den Wortbeginn zu ziehen, nämlich $\frac{1}{26}$.

Danach hat man nur noch 25 Buchstaben übrig und überlegt sich, wie wahrscheinlich es ist, das Z sowie vier weitere Buchstaben aus den restlichen 24 Buchstaben des Alphabets zu ziehen.

$$P(\text{beginnt mit A, enthält Z}) = \frac{1}{26}\cdot\frac{\binom{1}{1}\cdot\binom{24}{4}}{\binom{25}{5}} \approx 0{,}77\,\%$$

62. Zunächst wird die Anzahl aller möglichen Zahlen bestimmt.

- Für die Tausenderstelle gibt es nur 4 Möglichkeiten, denn die 0 darf nicht vorne stehen.
- Für die Hunderterstelle gibt es auch 4 Möglichkeiten, da die Zahl an der Tausenderstelle ausgenommen ist, die 0 aber dafür hinzukommt.
- Für die Zehnerstelle bleiben noch drei Möglichkeiten.
- Für die Einerstelle bleiben noch zwei Möglichkeiten.

$4 \cdot 4 \cdot 3 \cdot 2 = 96$

a) **Lösungsmöglichkeit 1**

Bei einer geraden Zahl steht an der Einerstelle eine 0, 2 oder 8 (die Ziffern 4 und 6 stehen hier nicht zur Verfügung). Wenn die Einerstelle 0 ist, dann gibt es für die Tausenderstelle 4 Möglichkeiten, für die Hunderterstelle noch 3 und für die Zehnerstelle noch 2.

Also gibt es $4 \cdot 3 \cdot 2 \cdot 1 = 24$ Zahlen, die auf 0 enden.

Wenn die Einerstelle nicht 0 ist, sondern 2 oder 8 (also zwei Möglichkeiten), dann gibt es für die Tausenderstelle nur noch 3 Möglichkeiten (nicht die 0 und nicht die Einerziffer). Da dann zwei der fünf Ziffern vergeben sind, bleiben für die Hunderterstelle 3 und für die Zehnerstelle noch 2 Möglichkeiten übrig.

Also gibt es $3 \cdot 3 \cdot 2 \cdot 2 = 36$ weitere gerade Zahlen, die nicht auf 0 enden.

Von den insgesamt 96 möglichen Zahlen sind damit $24 + 36 = 60$ Zahlen gerade. Also gilt:

$P(\text{gerade}) = \frac{60}{96} = 62{,}5\,\%$

Lösungsmöglichkeit 2

Einfacher ist es, die Zahl aller möglichen ungeraden Zahlen zu bestimmen, da die Fallunterscheidung an der Einerstelle dann nicht nötig ist. Die Einerziffer kann 3 oder 5 sein (2 Möglichkeiten). Für die Tausenderstelle gibt es dann 3 Möglichkeiten (nicht die 0 und nicht die Einerziffer). Da dann zwei der fünf Ziffern vergeben sind, bleiben für die Hunderterstelle deshalb 3 und für die Zehnerstelle noch 2 Möglichkeiten übrig.

Also gibt es $3 \cdot 3 \cdot 2 \cdot 2 = 36$ ungerade Zahlen.

$P(\text{ungerade}) = \frac{36}{96} = 37{,}5\,\% \quad \Rightarrow \quad P(\text{gerade}) = 1 - 37{,}5\,\% = 62{,}5\,\%$

b) Damit die Zahl durch 5 teilbar ist, muss die Einerstelle 0 oder 5 sein. Falls sie 0 ist, gibt es für die Tausenderstelle 4 Möglichkeiten, für die Hunderterstelle noch 3 und für die Zehnerstelle noch 2.

Das ergibt $4 \cdot 3 \cdot 2 \cdot 1 = 24$ Zahlen mit Einerziffer 0.

Falls die Einerstelle 5 ist, gibt es für die Tausenderstelle nur 3 Möglichkeiten (alles außer 0 und Einerziffer), für die Hunderterstelle ebenfalls 3 und für die Zehnerstelle bleiben 2 Möglichkeiten.

Das ergibt $3 \cdot 3 \cdot 2 \cdot 1 = 18$ mögliche Zahlen mit Einerziffer 5.

Von den 96 Zahlen sind also $24 + 18 = 42$ Zahlen durch 5 teilbar.

$P(\text{durch 5 teilbar}) = \frac{42}{96} = 43{,}75\,\%$

c) Um die Wahrscheinlichkeit P(gerade oder durch 5 teilbar) zu finden, wendet man die Kolmogorow-Folgerung 6 für die Vereinigung vereinbarer Ereignisse an:

$P(A \cup B) = P(A) + P(B) - P(A \cap B)$

Die Wahrscheinlichkeit der Schnittmenge folgt aus Teilaufgabe b, denn es gibt 24 Zahlen, die gerade und durch 5 teilbar sind, nämlich diejenigen mit Einerziffer 0 $\Rightarrow$ P(Einerziffer 0) $= \frac{24}{96} = 25\,\%$

P(gerade oder durch 5 teilbar)

$= $ P(gerade) $+$ P(durch 5 teilbar) $-$ P(gerade und durch 5 teilbar)

$= $ P(gerade) $+$ P(durch 5 teilbar) $-$ P(Einerziffer 0)

$= 62,5\,\% + 43,75\,\% - 25\,\%$

$= 81,25\,\%$

d) „Weder gerade noch durch 5 teilbar" ist das Gegenereignis von Teilaufgabe c.

P(weder gerade noch durch 5 teilbar) $= 1 - 81,25\,\% = 18,75\,\%$

63. a) Unterscheidet man zunächst die beiden Sport- und Mathestunden (etwa durch S1, S2, M1, M2), so gibt es 6! mögliche Stundenverteilungen.

Da das Vertauschen der beiden Sportstunden jedoch keinen anderen Montagsplan gibt, muss man durch 2! dividieren. Das Gleiche gilt für die beiden Mathestunden.

Es gibt also $\frac{6!}{2! \cdot 2!} = 180$ Stundenverteilungen.

b) Für die Doppelstunde Sport gibt es 5 Möglichkeiten: Die erste Sportstunde kann in einer der ersten fünf Stunden sein, aber nicht mehr in der sechsten. Für Kunst gibt es dann noch 4 Möglichkeiten, für Biologie noch 3 Möglichkeiten. In den beiden restlichen Stunden ist dann Matheunterricht. Es gibt also $5 \cdot 4 \cdot 3 = 60$ mögliche Stundenverteilungen.

c) Für die beiden Sportstunden gibt es 2 Möglichkeiten, die durch die Aufgabenstellung festgelegt sind. Die restliche Überlegung erfolgt analog zu Teilaufgabe b.

$2 \cdot 4 \cdot 3 = 24$ Stundenverteilungen

d) **Lösungsmöglichkeit 1**

Fasst man die beiden Sportstunden zu einem Block zusammen, ebenfalls die beiden Mathestunden, so gibt es nur noch vier Blöcke (Sport, Mathe, Kunst, Biologie), die man auf 4! Arten anordnen kann. Es gibt also 24 Möglichkeiten.

Lösungsmöglichkeit 2

Man kann die beiden Doppelstunden auch systematisch in den Stundenplan eintragen:

Montag	Montag	Montag	Montag	Montag	Montag
Sport	Sport	Sport	?	?	?
Sport	Sport	Sport	Sport	Sport	?
Mathe	?	?	Sport	Sport	Sport
Mathe	Mathe	?	Mathe	?	Sport
?	Mathe	Mathe	Mathe	Mathe	Mathe
?	?	Mathe	?	Mathe	Mathe
①︎	②︎	③︎	④︎	⑤︎	⑥︎

Bei jeder dieser 6 Möglichkeiten können die beiden anderen Stunden auf 2 Arten besetzt werden. Außerdem kann statt mit Sport auch mit Mathematik begonnen werden. Es gibt deshalb $6 \cdot 2 \cdot 2 = 24$ Möglichkeiten.

64. Lösungsmöglichkeit 1

Entweder sind die ersten drei Läufer vom Verein A oder vom Verein B oder vom Verein C. Zu beachten ist, dass bei „entweder … oder" die Einzelwahrscheinlichkeiten nur addiert werden müssen, also:

P(die ersten drei vom gleichen Verein) $= P(A) + P(B) + P(C)$

Zugrunde liegt das Urnenmodell des Ziehens ohne Zurücklegen.
Der Zähler von P(A) ergibt sich aus „es werden 3 aus 5 Läufern gezogen (und 0 aus den anderen Vereinen)", der Zähler von P(B) aus „es werden 3 aus 7 Läufern gezogen (und 0 aus den anderen Vereinen)" und der Zähler von P(C) aus „es werden 3 aus 9 Läufern gezogen (und 0 aus den anderen Vereinen)".

Der Nenner ist bei allen drei Wahrscheinlichkeiten gleich. Da insgesamt 21 Läufer an den Start gehen, werden stets 3 aus 21 Läufern gezogen.

$$P(\text{die ersten drei vom gleichen Verein}) = \frac{\binom{5}{3} + \binom{7}{3} + \binom{9}{3}}{\binom{21}{3}} \approx 9,70\,\%$$

Lösungsmöglichkeit 2

Für den ersten Läufer aus A gibt es 5 Möglichkeiten, für den nächsten noch 4 und für den letzten der drei Läufer noch 3. Das sind $5 \cdot 4 \cdot 3 = 60$ Möglichkeiten. Für die ersten drei Läufer aus B gibt es entsprechend $7 \cdot 6 \cdot 5 = 210$ Möglichkeiten und für C sind es $9 \cdot 8 \cdot 7 = 504$ Möglichkeiten. Günstig für das gesuchte Ereignis sind also $60 + 210 + 504 = 774$ Möglichkeiten.
Insgesamt gibt es $21 \cdot 20 \cdot 19 = 7\,980$ Möglichkeiten, 3 Läufer auszuwählen.

$$P(\text{die ersten drei vom gleichen Verein}) = \frac{774}{7\,980} \approx 9,70\,\%$$

65. Am einfachsten ist es, das Gegenereignis „alle vier Faulenzer werden ertappt"
zu betrachten.

Von den **N = 25** Schülern sind **K = 4** Faulenzer. Der Lehrer sammelt **n = 5**
Hefte ein, wovon **k = 4** keine Hausaufgaben enthalten.

$$P(\text{höchstens 3 Faulenzer}) = 1 - P(\text{alle 4 Faulenzer}) = 1 - \frac{\binom{4}{4} \cdot \binom{21}{1}}{\binom{25}{5}} \approx 99,96\,\%$$

66. Insgesamt werden **n = 5** aus **N = 100** Glühbirnen gezogen, also $\binom{100}{5}$.

Wenn höchstens 2 Glühbirnen defekt sein sollen, kann entweder keine defekt
sein (**k = 0** aus 12) oder es ist genau eine defekt (**k = 1** aus 12) oder es sind
genau zwei defekt (**k = 2** aus 12).

$$P(\text{höchstens 2 defekt}) = P(0 \text{ defekt}) + P(\text{genau 1 defekt}) + P(\text{genau 2 defekt})$$

$$= \frac{\binom{12}{0} \cdot \binom{88}{5}}{\binom{100}{5}} + \frac{\binom{12}{1} \cdot \binom{88}{4}}{\binom{100}{5}} + \frac{\binom{12}{2} \cdot \binom{88}{3}}{\binom{100}{5}}$$

$$\approx 98,82\,\%$$

67.

Mit welcher Wahrscheinlichkeit hat das Teststück den Fehler A, wenn es den Fehler B aufweist?	☐
Ein Teststück hat den Fehler A. Mit welcher Wahrscheinlichkeit hat es auch den Fehler B?	☒
Mit welcher Wahrscheinlichkeit weist das Teststück, das den Fehler A hat, den Fehler B auf?	☒
Mit welcher Wahrscheinlichkeit hat das Teststück den Fehler B, wenn es den Fehler A hat?	☒

68. a) $P_{\text{Mathelehrer}}(\text{Hund}) = 0,18$

    b) $P(\text{Kaugummi} \cap \overline{\text{Schnitzel}}) = 0,20$

    c) $P_{\text{Mädchen}}(\overline{\text{Pferd}}) = 0,25$

    d) $P_{\text{Lügner}}(\text{kurze Beine}) = 1$

    e) $P_{\overline{\text{Hausaufgaben}}}(\text{Ärger}) \geq \frac{76}{80} = 0,95$

69. M stehe für „mangelhaft" (deshalb ohne Plakette).

A stehe für „älter als 7 Jahre".

Gegeben:

$P(M) = 0{,}12$

$P_M(A) = 0{,}60$

$P(A \cap \overline{M}) = 0{,}20$

Aus den ersten beiden Werten folgt:

$$P_M(A) = \frac{P(A \cap M)}{P(M)} \;\Rightarrow\; P(A \cap M) = P_M(A) \cdot P(M) = 0{,}60 \cdot 0{,}12 = 0{,}072$$

Damit lässt sich die Vierfeldertafel vollständig ausfüllen.

	A	$\overline{A}$	
M	**0,072**	0,048	**0,120**
$\overline{M}$	**0,200**	0,680	0,880
	0,272	0,728	**1**

Die farbig gedruckten Zahlen sind (indirekt) gegeben.

Gesucht ist die Wahrscheinlichkeit, dass Frau Schmitts mehr als 7 Jahre altes Auto die TÜV-Plakette erhält. Die Bedingung ist also „mehr als 7 Jahre".

$$P_A(\overline{M}) = \frac{P(A \cap \overline{M})}{P(A)} = \frac{0{,}200}{0{,}272} \approx 73{,}53\,\%$$

Das Auto von Frau Schmitt erhält mit einer Wahrscheinlichkeit von 73,53 % die Plakette.

70. a) I stehe für „Patient leidet an einer Virusinfektion".

F stehe für „Patient hat hohes Fieber".

Gegeben:

$P(F) = 0{,}25$

$P(F \cap \overline{I}) = 0{,}082$

$P_I(F) = 0{,}80$ „8 von 10" bedeutet 80 %

Trägt man die Wahrscheinlichkeiten in die Vierfeldertafel ein, so erkennt man, dass sich $P(F)$ aus $P(F \cap \overline{I})$ sowie $P(F \cap I)$ zusammensetzt.

	I	$\overline{I}$	
F		0,082	0,25
$\overline{F}$			
			1

$P(F) = P(F \cap I) + P(F \cap \overline{I})$

Es folgt:

$P(F \cap I) = P(F) - P(F \cap \overline{I}) = 0{,}25 - 0{,}082 = 0{,}168$

Nun kann aus der Formel für die bedingte Wahrscheinlichkeit P(I) gefolgert werden:

$$P_I(F) = \frac{P(F \cap I)}{P(I)} \quad \Rightarrow \quad P(I) = \frac{P(F \cap I)}{P_I(F)} = \frac{0,168}{0,80} = 0,21$$

Damit kann die Vierfeldertafel vollständig ausgefüllt werden:

	I	$\overline{I}$	
F	0,168	0,082	0,250
$\overline{F}$	0,042	0,708	0,750
	0,210	0,790	1

Dass der Patient weder Fieber noch einen Virusinfekt hat, heißt übersetzt $P(\overline{F} \cap \overline{I})$. Diese Wahrscheinlichkeit ist aus der Vierfeldertafel direkt ablesbar als:

$$P(\overline{F} \cap \overline{I}) = 0,708 = 70,80\,\%$$

b) Die Wahrscheinlichkeit, infiziert zu sein, beträgt 21 %.

$$0,21 \cdot 38 = 7,98$$

Der Arzt kann mit etwa 8 virusinfizierten Personen rechnen.

Das Ergebnis ist als Durchschnittswert einer langen Zeitspanne zu sehen, da die Zahl der Viruspatienten immer stark von der Jahreszeit abhängt.

71. a) $P(\overline{K} \cap \overline{H}) = 0,17$ in Worten:

17 % aller Radfahrer erlitten beim Unfall weder eine Kopfverletzung noch trugen sie einen Helm.

$P(H) = 0,38$ in Worten:

38 % der Radfahrer trugen beim Unfall einen Helm.

$P_K(\overline{H}) = 0,69$ in Worten:

69 % derjenigen Radfahrer, die beim Unfall eine Kopfverletzung erlitten, trugen keinen Helm.

Trägt man die Wahrscheinlichkeiten in eine Vierfeldertafel ein, so lassen sich $P(\overline{H})$ sowie $P(K \cap \overline{H})$ sofort über die Zeilen- bzw. Spaltensumme berechnen:

	H	$\overline{H}$	
K		**0,45**	
$\overline{K}$		0,17	
	0,38	**0,62**	1

Um die Vierfeldertafel restlich auszufüllen, muss die Formel für die bedingte Wahrscheinlichkeit angewendet werden:

$$P_K(\overline{H}) = \frac{P(\overline{H} \cap K)}{P(K)} \quad \Rightarrow \quad P(K) = \frac{P(\overline{H} \cap K)}{P_K(\overline{H})} = \frac{0{,}45}{0{,}69} \approx 0{,}65$$

Vollständige Vierfeldertafel:

	H	$\overline{H}$	
K	0,20	0,45	0,65
$\overline{K}$	0,18	0,17	0,35
	0,38	0,62	1

b) Die Bedingung „keine Kopfverletzung" ist gegeben. Gesucht ist also die bedingte Wahrscheinlichkeit $P_{\overline{K}}(H)$.

$$P_{\overline{K}}(H) = \frac{P(H \cap \overline{K})}{P(\overline{K})} = \frac{0{,}18}{0{,}35} \approx 0{,}5143$$

Etwa 51 % aller Radfahrer, die keine Kopfverletzung erlitten, trugen einen Helm.

72. Das Zeichnen eines Baumdiagramms ist hier hilfreich. Da die richtige Beantwortung davon abhängt, welcher Lehrer befragt wird, beginnt dieses mit den Lehrern. Da jeder Lehrer gleich viele Fragen beantworten muss, fällt eine Frage mit der Wahrscheinlichkeit $\frac{1}{3}$ auf ihn.

Beim 2. Pfad muss man aufpassen. Jeder Lehrer beantwortet mit unterschiedlicher Wahrscheinlichkeit eine Frage richtig!

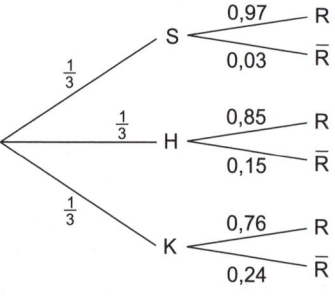

a) Die Frage bekommt Herr Klein gestellt **und** er beantwortet sie nicht richtig.

$$P(K \cap \overline{R}) = \frac{1}{3} \cdot 0{,}24 = 8{,}0 \, \%$$

b) Die **Bedingung** „Frau Hoffmann wird Frage gestellt" (H) ist gegeben. Gesucht ist der Anteil ihrer richtig beantworteten Fragen (R).

$$P_H(R) = 85{,}0 \, \% \qquad \text{bereits in der Angabe gegeben}$$

c) Die Wahrscheinlichkeit ergibt sich als Summe dreier Pfade (Herr Schwarz beantwortet richtig, Frau Hoffmann beantwortet richtig, Herr Klein beantwortet richtig):

$$P(R) = P(S \cap R) + P(H \cap R) + P(K \cap R)$$
$$= \frac{1}{3} \cdot 0,97 + \frac{1}{3} \cdot 0,85 + \frac{1}{3} \cdot 0,76 = 86\,\%$$

d) Gegeben ist die **Bedingung** „Frage wird nicht richtig beantwortet" ($\overline{R}$). Gesucht ist, wie wahrscheinlich es ist, dass der Schüler die Frage an Herrn Schwarz (S) gestellt hat.

$$P_{\overline{R}}(S) = \frac{P(S \cap \overline{R})}{P(\overline{R})} = \frac{P(S \cap \overline{R})}{1 - P(R)} = \frac{\frac{1}{3} \cdot 0,03}{1 - 0,86} \approx 7,14\,\%$$

73. a) Vollständiges Baumdiagramm:

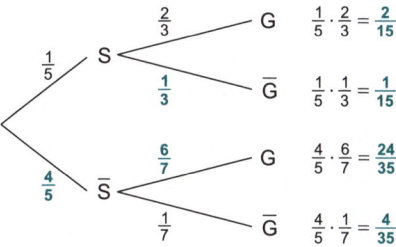

b) Die Wahrscheinlichkeiten am Ende der Pfade des Baumdiagramms werden in die 4 mittleren Felder der Vierfeldertafel eingetragen. Die restlichen Wahrscheinlichkeiten ergeben sich über die Zeilen- bzw. Spaltensumme:

	S	$\overline{S}$	
G	$\frac{2}{15}$	$\frac{24}{35}$	$\frac{86}{105}$
$\overline{G}$	$\frac{1}{15}$	$\frac{4}{35}$	$\frac{19}{105}$
	$\frac{1}{5}$	$\frac{4}{5}$	1

c) Für das „umgekehrte" Baumdiagramm (Vertauschen der Stufen) sind einige Nebenrechnungen notwendig:

$$P_G(S) = \frac{P(G \cap S)}{P(G)} = \frac{\frac{2}{15}}{\frac{86}{105}} = \frac{7}{43}$$

$$P_G(\overline{S}) = \frac{P(G \cap \overline{S})}{P(G)} = \frac{\frac{24}{35}}{\frac{86}{105}} = \frac{36}{43}$$

$$P_{\overline{G}}(S) = \frac{P(\overline{G} \cap S)}{P(\overline{G})} = \frac{\frac{1}{15}}{\frac{19}{105}} = \frac{7}{19}$$

$$P_{\overline{G}}(\overline{S}) = \frac{P(\overline{G} \cap \overline{S})}{P(\overline{G})} = \frac{\frac{4}{35}}{\frac{19}{105}} = \frac{12}{19}$$

Das Baumdiagramm ergibt sich zu:

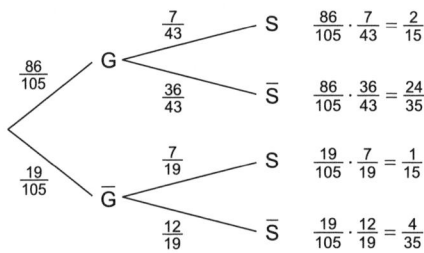

d) (1) Der Wert $\frac{7}{43}$ lässt sich aus Teilaufgabe c ablesen.

Unter allen Gummibärchenliebhabern spielen 16,3 % Schach.

(2) Der Wert $\frac{1}{3}$ lässt sich aus Teilaufgabe a ablesen.

33,3 % aller Schachspieler essen nicht gerne Gummibärchen.

(3) Der Wert $\frac{6}{7}$ lässt sich aus Teilaufgabe a ablesen.

85,7 % derjenigen Schüler, die nicht Schach spielen, mögen Gummibärchen.

(4) Der Wert $\frac{7}{19}$ lässt sich aus Teilaufgabe c ablesen.

Unter denen, die keine Gummibärchen mögen, sind 36,8 % Schachspieler.

(5) Der Wert $\frac{24}{35}$ lässt sich aus allen Teilaufgaben ablesen.

68,6 % aller Personen essen gerne Gummibärchen und spielen nicht Schach.

(6) Der Wert $1 - \frac{1}{15} = \frac{14}{15}$ lässt sich aus allen Teilaufgaben ablesen, denn

$$P(G \cup \overline{S}) = 1 - P(\overline{G} \cap S).$$

93,3 % aller Personen sind Gummibärchenliebhaber oder spielen nicht Schach.

74. a) Es werden folgende Abkürzungen eingeführt:

T – Touristin

$\overline{T}$ – Einheimische

D – Dirndlträgerin

Gegeben:

$P(T) = \frac{4}{5} = 0,8$

$P_T(D) = 0,2$

$P_{\overline{T}}(D) = 0,4$

Baumdiagramm:

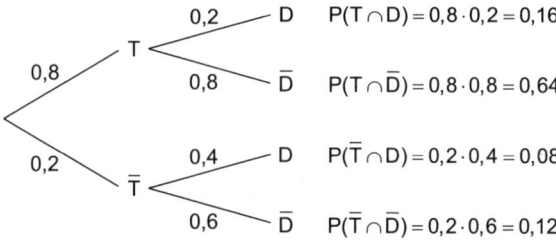

$$P(T \cap D) = 0,8 \cdot 0,2 = 0,16$$
$$P(T \cap \overline{D}) = 0,8 \cdot 0,8 = 0,64$$
$$P(\overline{T} \cap D) = 0,2 \cdot 0,4 = 0,08$$
$$P(\overline{T} \cap \overline{D}) = 0,2 \cdot 0,6 = 0,12$$

Sie fragen eine Dame mit Dirndl (D). Wie wahrscheinlich ist es, dass Sie dabei eine Münchnerin ($\overline{T}$) befragen? Gesucht ist also $P_D(\overline{T})$.

Um diese bedingte Wahrscheinlichkeit zu berechnen, muss zunächst $P(D)$ berechnet werden (über Pfade 1 und 3 des Baumdiagramms):

$$P(D) = P(T \cap D) + P(\overline{T} \cap D) = 0,16 + 0,08 = 0,24$$

Die gesuchte Wahrscheinlichkeit ergibt sich zu:

$$P_D(\overline{T}) = \frac{P(\overline{T} \cap D)}{P(D)} = \frac{0,08}{0,24} \approx 33,33\,\%$$

b) Sie fragen eine Dame ohne Dirndl ($\overline{D}$). Wie wahrscheinlich ist es, dass Sie dabei eine Münchnerin ($\overline{T}$) befragen? Gesucht ist also $P_{\overline{D}}(\overline{T})$.

$$P_{\overline{D}}(\overline{T}) = \frac{P(\overline{T} \cap \overline{D})}{P(\overline{D})} = \frac{P(\overline{T} \cap \overline{D})}{1 - P(D)} = \frac{0,12}{1 - 0,24} = \frac{0,12}{0,76} \approx 15,79\,\%$$

c) Die Ergebnisse zeigen: Wenn man eine Dirndlträgerin nach dem Weg fragt, ist die Wahrscheinlichkeit, dass man auf eine Einheimische trifft, gut 33 %. Fragt man eine Dame ohne Dirndl, trifft man nur mit der geringen Wahrscheinlichkeit von knapp 16 % auf eine Münchnerin.

Da sich die Einheimischen in München wohl besser auskennen werden, sollte man also besser eine Dirndlträgerin fragen.

75. P: Chip stammt aus Peking
N: Chip stammt aus Nanchang
Z: Chip stammt aus Zhengzhou
F: Chip ist fehlerhaft

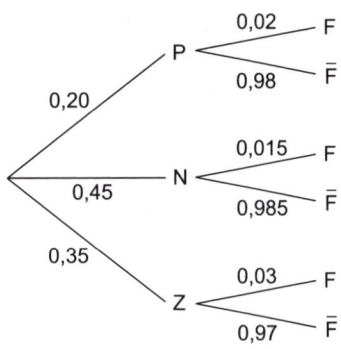

a) Der Chip ist brauchbar, wenn er nicht fehlerhaft ($\overline{F}$) ist. $P(\overline{F})$ setzt sich aus 3 Pfaden zusammen.

$$P(\overline{F}) = P(P \cap \overline{F}) + P(N \cap \overline{F})$$
$$+ P(Z \cap \overline{F})$$
$$= 0,20 \cdot 0,98 + 0,45 \cdot 0,985$$
$$+ 0,35 \cdot 0,97$$
$$\approx 0,979$$

Die produzierten Chips sind zu 97,9 % brauchbar.

b) Gegeben ist die Bedingung „fehlerhafter Chip" (F). Gesucht ist die Wahrscheinlichkeit, dass dieser aus Zhengzhou stammt (Z). Gesucht ist also die bedingte Wahrscheinlichkeit $P_F(Z)$.

$$P_F(Z) = \frac{P(F \cap Z)}{P(F)} = \frac{P(F \cap Z)}{1 - P(\overline{F})} \approx \frac{0,35 \cdot 0,03}{1 - 0,979} = 0,50$$

Etwa 50 % aller fehlerhaften Chips stammen aus Zhengzhou.

76. a) Da jede Seite der Münze mit gleicher Wahrscheinlichkeit fällt, wählt Robert Urne A bzw. Urne B je mit der Wahrscheinlichkeit $\frac{1}{2}$.

In Urne A befinden sich insgesamt 11 Kugeln, 6 weiße und 5 farbige.
In Urne B befinden sich insgesamt 8 Kugeln, 4 weiße und 4 farbige.

Zugehöriges Baumdiagramm:

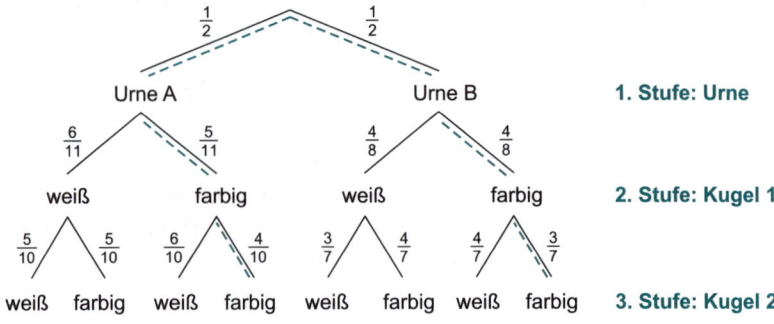

Zum Ereignis „2 farbige Kugeln" (2f) führen 2 Pfade.

$$P(2f) = \frac{1}{2} \cdot \frac{5}{11} \cdot \frac{4}{10} + \frac{1}{2} \cdot \frac{4}{8} \cdot \frac{3}{7} = \frac{61}{308} \approx 0,198$$

Robert zieht 2 farbige Kugeln mit einer Wahrscheinlichkeit von 19,8 %.

b) Die Bedingung ist „2 farbige Kugeln" (2f). Mit welcher Wahrscheinlichkeit stammen sie aus Urne A? Gesucht ist also $P_{2f}(A)$.

$$P_{2f}(A) = \frac{P(2f \cap A)}{P(2f)} = \frac{\frac{1}{2} \cdot \frac{5}{11} \cdot \frac{4}{10}}{\frac{61}{308}} = \frac{28}{61} \approx 0,459$$

Wenn beide gezogenen Kugeln farbig sind, dann stammen sie mit einer Wahrscheinlichkeit von 45,9 % aus Urne A.

77. Fehler V: Verschluss fehlerhaft
Fehler F: Füllmenge zu gering

Gegeben:
$P(\overline{V}) = 0,95$
$P(V \cap F) = 0,002$
$P(V \cup F) = 0,088 \quad \Rightarrow \quad P(\overline{V} \cap \overline{F}) = 1 - P(V \cup F) = 1 - 0,088 = 0,912$

Die Vierfeldertafel ergibt sich zu:

	F	$\overline{F}$	
V	**0,002**	0,048	0,05
$\overline{V}$	0,038	**0,912**	**0,95**
	0,04	0,96	**1**

Die farbig gedruckten Zahlen sind (indirekt) gegeben.

Prüfen auf stochastische Unabhängigkeit:
$P(V) \cdot P(F) = 0,05 \cdot 0,04 = 0,002$
$P(V \cap F) = 0,002$
$\Rightarrow \quad P(V \cap F) = P(V) \cdot P(F)$

Die beiden Fehler V und F treten unabhängig voneinander auf.

Bemerkung: Diese Unabhängigkeit sieht man auch daran, dass die Vierfeldertafel eine Multiplikationstabelle ist.

78. M stehe für „Martin trifft".
A stehe für „Alexander trifft".

Gegeben:
$P(A) = 0,75 \qquad \Rightarrow \quad P(\overline{A}) = 1 - 0,75 = 0,25$
$P(A \cup M) = 0,96 \quad \Rightarrow \quad P(\overline{A} \cap \overline{M}) = 1 - P(A \cup M) = 1 - 0,96 = 0,04$

Aus der Unabhängigkeit folgt:

$$P(\overline{A} \cap \overline{M}) = P(\overline{A}) \cdot P(\overline{M}) \quad \Rightarrow \quad P(\overline{M}) = \frac{P(\overline{A} \cap \overline{M})}{P(\overline{A})} = \frac{0{,}04}{0{,}25} = 0{,}16$$

Nun lässt sich eine Vierfeldertafel aufstellen:

	M	$\overline{M}$	
A	0,63	0,12	**0,75**
$\overline{A}$	0,21	**0,04**	0,25
	0,84	**0,16**	1

Die farbig gedruckten Zahlen sind (indirekt) gegeben.

a) Gesucht ist nach der Wahrscheinlichkeit $P(A \cap \overline{M})$. Der Wert lässt sich aus der Vierfeldertafel als 0,12 ablesen. Mit einer Wahrscheinlichkeit von 12 % trifft Alexander, aber Martin nicht.

b) Gefragt ist nach $P(A \cap \overline{M}) + P(\overline{A} \cap M)$.

$0{,}12 + 0{,}21 = 0{,}33$

Dass genau einer trifft, tritt mit der Wahrscheinlichkeit 33 % ein.

79. Gegeben:

$P(A) = 0{,}4$

$P(A \cup B) = 0{,}7$

A und B stochastisch unabhängig

Aus $P(A \cup B) = 0{,}7$ folgt:

$P(\overline{A} \cap \overline{B}) = 1 - P(A \cup B) = 1 - 0{,}7 = 0{,}3$

Wegen der Unabhängigkeit gilt:

$P_B(A) = P(A) = 0{,}4$

Es gilt:

$P(\overline{A}) = 1 - P(A) = 1 - 0{,}4 = 0{,}6$

Wegen der Unabhängigkeit gilt zudem:

$$P(\overline{A} \cap \overline{B}) = P(\overline{A}) \cdot P(\overline{B}) \quad \Rightarrow \quad P(\overline{B}) = \frac{P(\overline{A} \cap \overline{B})}{P(\overline{A})} = \frac{0{,}3}{0{,}6} = 0{,}5$$

Nun folgt für $P(B)$:

$P(B) = 1 - P(\overline{B}) = 1 - 0{,}5 = 0{,}5$

80. a) P: Stimmen für *Pinguins*

W: weibliche Wähler

Die Hälfte aller Frauen gab ihre Stimme den *Pinguins*, also:

$P_W(P) = 0{,}5$

Soll die Siegerband bei Frauen und Männern gleich beliebt sein, müsste $P_W(P) = P(P)$ gelten. Da aber $P(P) = 0,45 \neq 0,5$ gegeben ist, liegt keine Unabhängigkeit der beiden Ereignisse vor. Die Behauptung der Jury stimmt also nicht.

b) Gesucht ist die Wahrscheinlichkeit $P(\overline{W} \cap P)$.

Zur Bestimmung dieser Wahrscheinlichkeit ist es hilfreich, eine Vierfeldertafel aufzustellen.

In der Aufgabenstellung ist $P(W) = 0,65$ sowie $P(P) = 0,45$ gegeben.

Mithilfe der Formel für die bedingte Wahrscheinlichkeit folgt:

$$P_W(P) = \frac{P(W \cap P)}{P(W)} \Rightarrow P(W \cap P) = P_W(P) \cdot P(W) = 0,5 \cdot 0,65 = 0,325$$

Die Vierfeldertafel ergibt sich zu:

	P	$\overline{P}$	
W	**0,325**	0,325	**0,65**
$\overline{W}$	0,125	0,225	0,35
	0,45	0,55	**1**

Die farbig gedruckten Zahlen sind (indirekt) gegeben.

$P(\overline{W} \cap P) = 0,125$

12,5 % der Personen sind männlich und stimmten für die *Pinguins*.

c) Gegeben ist die Bedingung „nicht für die *Pinguins* gestimmt" ($\overline{P}$). Gesucht ist die Wahrscheinlichkeit, dass ein Mann ($\overline{W}$) abgestimmt hat.

$$P_{\overline{P}}(\overline{W}) = \frac{P(\overline{P} \cap \overline{W})}{P(\overline{P})} = \frac{0,225}{0,55} \approx 40,91\,\%$$

81. Die folgende Tabelle zeigt die Augensumme der gewürfelten Zahlen:

+	1	2	3	4	5	6	7	8
1	2	3	4	5	6	7	8	9
2	3	4	5	6	7	8	9	10
3	4	5	6	7	8	9	10	11
4	5	6	7	8	9	10	11	12
5	6	7	8	9	10	11	12	13
6	7	8	9	10	11	12	13	14
7	8	9	10	11	12	13	14	15
8	9	10	11	12	13	14	15	16

Für die Augensumme 13 gibt es 4 Möglichkeiten.

Alle 64 Wurfergebnisse sind gleich wahrscheinlich. Es ergibt sich die Wahrscheinlichkeitsverteilung:

$Z=z$	2	3	4	5	6	7	8	9	10	11
$P(Z=z)$	$\frac{1}{64}$	$\frac{2}{64}$	$\frac{3}{64}$	$\frac{4}{64}$	$\frac{5}{64}$	$\frac{6}{64}$	$\frac{7}{64}$	$\frac{8}{64}$	$\frac{7}{64}$	$\frac{6}{64}$

$Z=z$	12	13	14	15	16
$P(Z=z)$	$\frac{5}{64}$	$\frac{4}{64}$	$\frac{3}{64}$	$\frac{2}{64}$	$\frac{1}{64}$

82. Die Situation kann in einem Baumdiagramm dargestellt werden. Im Spiel sind 1 Ass (A) und 9 andere Karten ($\overline{A}$). Die gezogenen Karten werden nicht zurückgelegt.

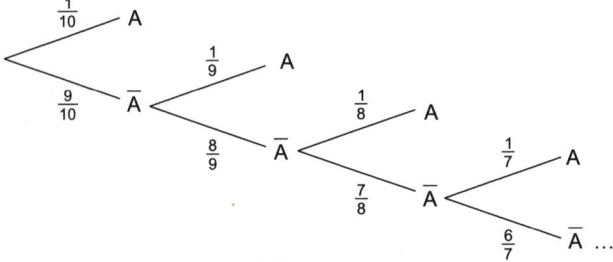

Jeder Pfad, der zum Ass führt, hat die Wahrscheinlichkeit $\frac{1}{10}$, denn jeder nachfolgende Nenner kann mit dem vorhergehenden Zähler gekürzt werden.

Beispiel: P(A erscheint im 4. Zug) $= \frac{9}{10} \cdot \frac{8}{9} \cdot \frac{7}{8} \cdot \frac{1}{7} = \frac{1}{10}$

Als Zufallsgröße wird der Gewinn G von Nele definiert.

Zug	1	2	3	4	5	6	7	8	9	10
$G=g$ in €	7	6	5	4	3	2	1	−8	−9	−10
$P(G=g)$	$\frac{1}{10}$	$\frac{1}{10}$	$\frac{1}{10}$	$\frac{1}{10}$	$\frac{1}{10}$	$\frac{1}{10}$	$\frac{1}{10}$	$\frac{1}{10}$	$\frac{1}{10}$	$\frac{1}{10}$

83. a) Jedes Rad zeigt mit der Wahrscheinlichkeit $\frac{6}{10}$ rot, $\frac{3}{10}$ blau und $\frac{1}{10}$ weiß.

Anzeige	$G=g$	$P(G=g)$
rrr	5 €	$0{,}6^3 = 0{,}216$
bbb	15 €	$0{,}3^3 = 0{,}027$
www	95 €	$0{,}1^3 = 0{,}001$
w$\overline{w}$w	45 €	$0{,}1 \cdot 0{,}9 \cdot 0{,}1 = 0{,}009$
sonst	−5 €	$1 - 0{,}253 = 0{,}747$

Summe $= 0{,}253$

b) Da jedes Spiel unabhängig vom vorangegangenen ist, ändert sich die Chance einer Auszahlung nicht, sie ist also stets 25,3 %.

84. Insgesamt gibt es 25 gleich wahrscheinliche Ziehergebnisse.

·	1	2	3	4	6
1	1	2	3	4	6
2	2	4	6	8	12
3	3	6	9	12	18
4	4	8	12	16	24
6	6	12	18	24	36

Im Folgenden steht im Tupel $(x \,|\, y)$ das x für die Zahl auf dem roten Zettel und y für die Zahl auf dem grünen Zettel.

$Z = 6$: $\{(1\,|\,6); (6\,|\,1); (2\,|\,3); (3\,|\,2)\}$

$P(Z = 6) = \frac{4}{25} = 16\,\%$

$Z > 16$: $\{(3\,|\,6); (6\,|\,3); (4\,|\,6); (6\,|\,4); (6\,|\,6)\}$

$P(Z > 16) = \frac{5}{25} = 20\,\%$

$8 < Z \leq 18$: $\{(3\,|\,3); (3\,|\,4); (4\,|\,3); (4\,|\,4); (2\,|\,6); (6\,|\,2); (3\,|\,6); (6\,|\,3)\}$

$P(8 < Z \leq 18) = \frac{8}{25} = 32\,\%$

85. In der Schale liegen $N = 10$ Kugeln, von denen $K = 4$ farbig und $N - K = 6$ weiß sind. Es werden drei Kugeln gezogen und auf ihre Farbigkeit hin überprüft. Die Zufallsgröße X gibt die Anzahl der farbigen Kugeln an und kann daher nur die Werte 0, 1, 2 oder 3 annehmen. Mit dem Urnenmodell des Ziehens ohne Zurücklegen folgt für die zugehörigen Wahrscheinlichkeiten:

$P(X = 0) = \dfrac{\binom{4}{0} \cdot \binom{6}{3}}{\binom{10}{3}} = \dfrac{1}{6}$ \qquad keine farbige Kugel

$P(X = 1) = \dfrac{\binom{4}{1} \cdot \binom{6}{2}}{\binom{10}{3}} = \dfrac{1}{2}$ \qquad 1 farbige Kugel

$P(X = 2) = \dfrac{\binom{4}{2} \cdot \binom{6}{1}}{\binom{10}{3}} = \dfrac{3}{10}$ \qquad 2 farbige Kugeln

$$P(X = 3) = \frac{\binom{4}{3} \cdot \binom{6}{0}}{\binom{10}{3}} = \frac{1}{30}$$

3 farbige Kugeln

Wahrscheinlichkeitsverteilung:

X = x	0	1	2	3
P(X = x)	$\frac{1}{6}$	$\frac{1}{2}$	$\frac{3}{10}$	$\frac{1}{30}$

Histogramm:

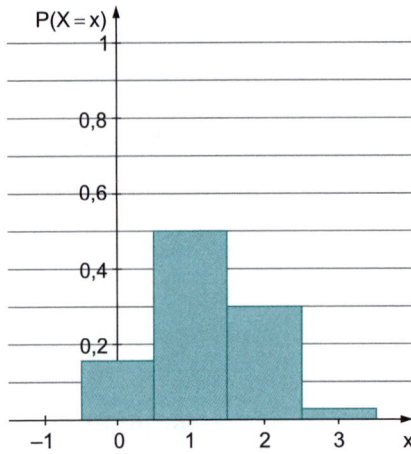

86. a) Die Summe aller Wahrscheinlichkeiten muss jeweils 1 ergeben.

Linke Abbildung: $0,45 + 0,05 + 0,35 + 0,1 + 0,05 = 1$

Rechte Abbildung: $0,15 + 0,25 + 0,35 + 0,1 = 0,85$

Die rechte Abbildung zeigt keine Wahrscheinlichkeitsverteilung. Um diese aber zu einer zu machen, könnte man z. B. den Wert von P(Z = 4) von 0,1 auf 0,25 erhöhen.

b) Aus $0,2 + 0,15 + p + 0,3 = 1$ folgt $p = 0,35$.

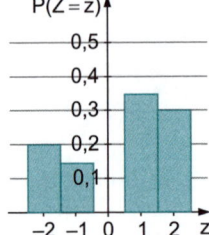

87. Da alle Glücksräder gleich aufgebaut sind, treten drei Herzen mit der Wahrscheinlichkeit $0,2^3$ auf, drei Monde mit $0,3^3$ und drei Blitze mit $0,5^3$.

A = a	5 €	2 €	1 €	0 €
P(A = a)	$0,2^3$	$0,3^3$	$0,5^3$	$1 - 0,2^3 - 0,3^3 - 0,5^3$

Erwartete Auszahlung:

$E(A) = 5 € \cdot 0,2^3 + 2 € \cdot 0,3^3 + 1 € \cdot 0,5^3 + 0 = 0,219 €$

Die Klasse muss auf lange Sicht mit einer Auszahlung von 21,9 ct pro Spiel rechnen. Da die Klasse bei jedem Spiel 50 ct einnimmt, ist der im Schnitt zu erwartende Gewinn je Spiel 50 ct − 21,9 ct = 28,1 ct.

88.

Augenzahl	1	2	3	4	5	6
G = g	−1 €	2 €	−3 €	4 €	−5 €	6 €
P(G = g)	$\frac{1}{6}$	$\frac{1}{6}$	$\frac{1}{6}$	$\frac{1}{6}$	$\frac{1}{6}$	$\frac{1}{6}$

a) Erwartungswert des Gewinns G:

$E(G) = -1 € \cdot \frac{1}{6} + 2 € \cdot \frac{1}{6} - 3 € \cdot \frac{1}{6} + 4 € \cdot \frac{1}{6} - 5 € \cdot \frac{1}{6} + 6 € \cdot \frac{1}{6} = \frac{1}{2} €$

Der Spieler gewinnt auf lange Sicht pro Spiel 50 ct.

b) Da der Spieler auf lange Sicht je Spiel 0,50 € gewinnt, müsste der Einsatz 0,50 € pro Spiel betragen, damit das Spiel fair ist.

89. a) Beim Werfen zweier L-Würfel gibt es 36 gleich wahrscheinliche Ergebnisse, von denen **6** (verschiedene) Pasche sind:
11; 22; 33; 44; 55; 66

Die Augendifferenz 5 gibt es nur **zwei**mal:
16; 61

Die Augendifferenz 1 gibt es **zehn**mal:
12; 23; 34; 45; 56; 21; 32; 43; 54; 65

Damit verbleiben 18 weitere Ergebnisse, bei denen nichts ausbezahlt wird.

Wurfergebnis	Pasch	Differenz 5	Differenz 1	sonst
G = g in €	7 − 2 = 5	23 − 2 = 21	2 − 2 = 0	0 − 2 = −2
P(G = g)	$\frac{6}{36}$	$\frac{2}{36}$	$\frac{10}{36}$	$\frac{18}{36}$

$E(G) = 5 \cdot \frac{6}{36} + 21 \cdot \frac{2}{36} + 0 \cdot \frac{10}{36} - 2 \cdot \frac{18}{36} = 1$

Markus gewinnt im Schnitt bei jedem Spiel 1 €.

b) Markus gewinnt 1 € bei einem Einsatz von 2 €. Der faire Einsatz müsste also um 1 € höher sein, also 2 € + 1 € = 3 € betragen.

90. S bedeute „Sechs gewürfelt" und $\overline{S}$ „keine Sechs gewürfelt". Geworfen wird maximal viermal. Das nachfolgende Baumdiagramm veranschaulicht die Situation.

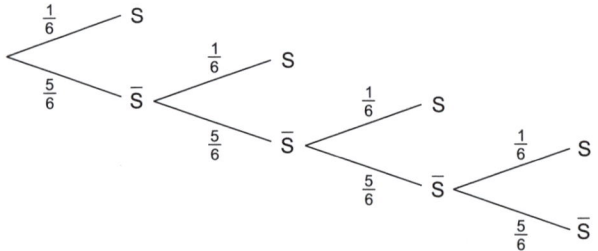

Die Zufallsgröße X ist laut Angabe als „Anzahl der Würfe" definiert. Dann lässt sich mithilfe des Baumdiagramms die zugehörige Wahrscheinlichkeitsverteilung aufstellen:

Ereignis	$\{S\}$	$\{\overline{S}S\}$	$\{\overline{S}\,\overline{S}S\}$	$\{\overline{S}\,\overline{S}\,\overline{S}S; \overline{S}\,\overline{S}\,\overline{S}\,\overline{S}\}$
X = x	1	2	3	4
P(X = x)	$\frac{1}{6}$	$\frac{5}{36}$	$\frac{25}{216}$	$\frac{125}{216}$

Erwartungswert:

$$E(X) = 1 \cdot \frac{1}{6} + 2 \cdot \frac{5}{36} + 3 \cdot \frac{25}{216} + 4 \cdot \frac{125}{216} \approx 3{,}1$$

Im Schnitt muss man etwa 3,1-mal würfeln.

91. A bedeute „Teil A ist defekt" mit P(A) = 0,2 und B bedeute „Teil B ist defekt" mit P(B) = 0,25. Wegen der Unabhängigkeit ergibt sich eine multiplikative Vierfeldertafel:

	B	$\overline{B}$	
A	0,05	0,15	**0,2**
$\overline{A}$	0,2	0,6	0,8
	0,25	0,75	**1**

Die farbig gedruckten Zahlen sind gegeben.

Als Zufallsgröße K sind die Kosten festgelegt. Es folgt:

	nur A defekt	nur B defekt	beide Teile defekt	kein Teil defekt
K = k	40 €	10 €	50 €	0 €
P(K = k)	0,15	0,2	0,05	0,6

Erwartungswert:

$E(K) = 40 \ € \cdot 0,15 + 10 \ € \cdot 0,2 + 50 \ € \cdot 0,05 + 0 \ € \cdot 0,6 = 10,50 \ €$

Im Schnitt muss mit Reparaturkosten von 10,50 € pro Gerät gerechnet werden.

Standardabweichung:

$$\begin{aligned} Var(K) &= (40 \ € - 10,50 \ €)^2 \cdot 0,15 + (10 \ € - 10,50 \ €)^2 \cdot 0,2 \\ &\quad + (50 \ € - 10,50 \ €)^2 \cdot 0,05 + (0 \ € - 10,50 \ €)^2 \cdot 0,6 \\ &= 274,75 \ €^2 \end{aligned}$$

$$\sigma = \sqrt{274,75 \ €^2} \approx 16,58 \ €$$

Die Standardabweichung beträgt 16,58 €. Die Reparaturkosten schwanken somit sehr stark um den Erwartungswert. Für den Hersteller ist somit schwer vorauszusehen, welche Kosten tatsächlich pro Gerät auf ihn zukommen.

92. Das Fallen der Münze auf „1" oder „Eule" ist pro Wurf gleich wahrscheinlich. E stehe für „Eule wird geworfen" und $\overline{E}$ für „1 wird geworfen".

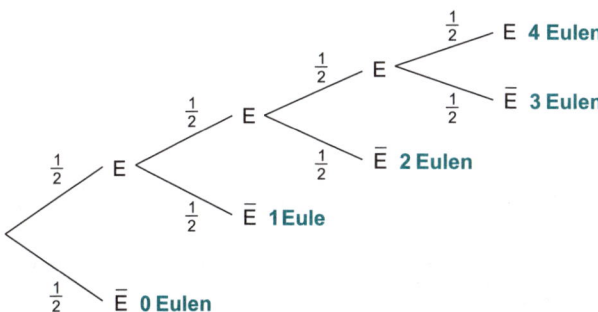

Das Baumdiagramm zeigt, wann wie viele Eulen geworfen werden, maximal sind es natürlich 4. Die Zufallsgröße A wird als Auszahlung pro Spiel definiert.

Zahl der Eulen	0	1	2	3	4
A = a	0 €	0 €	3 €	4 €	10 €
P(A = a)	$\frac{1}{2}$	$\frac{1}{4}$	$\frac{1}{8}$	$\frac{1}{16}$	$\frac{1}{16}$

Erwartungswert der Auszahlung:

$$E(A) = 0 \, € \cdot \frac{1}{2} + 0 \, € \cdot \frac{1}{4} + 3 \, € \cdot \frac{1}{8} + 4 \, € \cdot \frac{1}{16} + 10 \, € \cdot \frac{1}{16} = 1,25 \, €$$

Im Schnitt muss der Veranstalter 1,25 € pro Spiel auszahlen. Da der Veranstalter jedoch pro Spiel 0,25 € Gewinn machen möchte, muss er einen Einsatz von 1,25 € + 0,25 € = 1,50 € pro Spiel verlangen.

93. a)

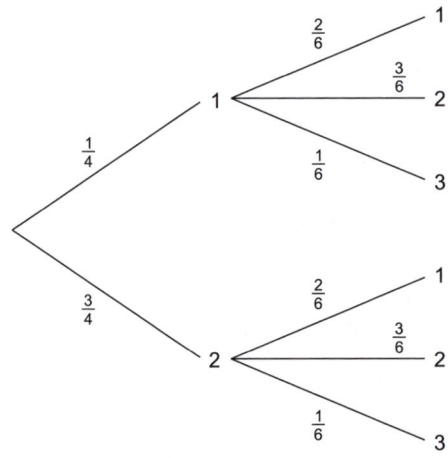

1. Stufe: Tetraeder   2. Stufe: Würfel

Ergebnisraum:
$\Omega = \{11;\ 12;\ 13;\ 21;\ 22;\ 23\}$

Die Wahrscheinlichkeitsverteilung ergibt sich mithilfe der 1. Pfadregel:

Ergebnis	11	12	13	21	22	23
P(Ergebnis)	$\frac{1}{12}$	$\frac{1}{8}$	$\frac{1}{24}$	$\frac{1}{4}$	$\frac{3}{8}$	$\frac{1}{8}$

b)

Z = z	2	3	4	5
P(Z = z)	$\frac{1}{12}$	$\frac{3}{8}$	$\frac{5}{12}$	$\frac{1}{8}$

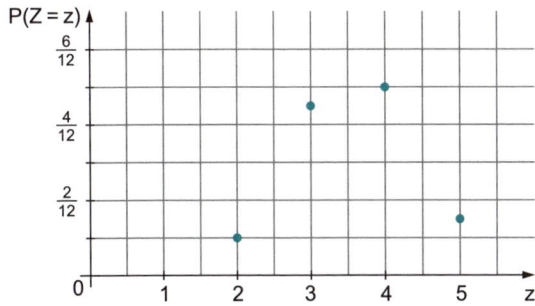

c) $E(Z) = \mu = 2 \cdot \frac{1}{12} + 3 \cdot \frac{3}{8} + 4 \cdot \frac{5}{12} + 5 \cdot \frac{1}{8} = 3\frac{7}{12}$

$Var(Z) = \left(2 - 3\frac{7}{12}\right)^2 \cdot \frac{1}{12} + \left(3 - 3\frac{7}{12}\right)^2 \cdot \frac{3}{8} + \left(4 - 3\frac{7}{12}\right)^2 \cdot \frac{5}{12} + \left(5 - 3\frac{7}{12}\right)^2 \cdot \frac{1}{8}$

$= \frac{95}{144}$

$\sigma = \sqrt{\frac{95}{144}} \approx 0,81$

d) Abweichungen

- nach unten: $\mu - \frac{4}{3} = 3\frac{7}{12} - \frac{4}{3} = 2,25$

- nach oben: $\mu + \frac{4}{3} = 3\frac{7}{12} + \frac{4}{3} \approx 4,92$

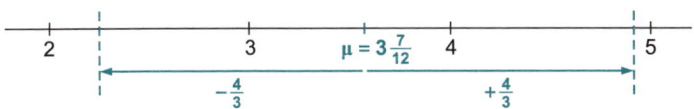

Die Abweichung von μ ist nur für die beiden Augensummen 2 und 5 größer als $\frac{4}{3}$.

Die Wahrscheinlichkeit für dieses Ereignis ist $\frac{1}{12} + \frac{1}{8} = \frac{5}{24} \approx 20,8\,\%$.

94. Es gilt $p = P(X=1) = P(X=2)$, womit folgt:

$P(X=0) = 1 - p - p - 0,3 = 0,7 - 2p$

$X = x$	0	1	2	3
$P(X=x)$	$0,7 - 2p$	p	p	$0,3$

Der Erwartungswert ist mit 1,56 gegeben, also:

$\mu = 0 + p + 2p + 0,9 = 3p + 0,9 = 1,56$

Auflösen der Gleichung nach p ergibt:

$3p + 0,9 = 1,56$

$3p = 0,66$

$p = 0,22$

$\Rightarrow P(X=1) = P(X=2) = 0,22$

$P(X=0) = 0,7 - 2 \cdot 0,22 = 0,26$

Die Tabelle ergibt sich zu:

X = x	0	1	2	3
P(X = x)	0,26	0,22	0,22	0,3

95. Für die Anordnung der 4 Zettel gibt es $4! = 24$ Möglichkeiten. Diese treten alle mit der gleichen Wahrscheinlichkeit auf.

Zettelreihenfolge	richtig	Zettelreihenfolge	richtig
1 2 3 4	4	3 1 2 4	1
1 2 4 3	2	3 1 4 2	0
1 3 2 4	2	3 2 1 4	2
1 3 4 2	1	3 2 4 1	1
1 4 2 3	1	3 4 1 2	0
1 4 3 2	2	3 4 2 1	0
2 1 3 4	2	4 1 2 3	0
2 1 4 3	0	4 1 3 2	1
2 3 1 4	1	4 2 1 3	1
2 3 4 1	0	4 2 3 1	2
2 4 1 3	0	4 3 1 2	0
2 4 3 1	1	4 3 2 1	0

Definiert wird die Zufallsgröße A: „Auszahlung pro Spielrunde". Die Zufallsgröße nimmt die Werte 0, 1, 2 und 4 (€) an entsprechend der Anzahl der richtig liegenden Zettel. Für die Wahrscheinlichkeitsverteilung von A folgt mithilfe von Laplace:

A = a	0 €	1 €	2 €	4 €
P(A = a)	$\frac{9}{24}$	$\frac{8}{24}$	$\frac{6}{24}$	$\frac{1}{24}$

Erwartungswert:

$E(A) = 0 \, € \cdot \frac{9}{24} + 1 \, € \cdot \frac{8}{24} + 2 \, € \cdot \frac{6}{24} + 4 \, € \cdot \frac{1}{24} = 1 \, €$

Im Mittel wird 1 € ausbezahlt.

96. a) Es handelt sich um **kein** Bernoulli-Experiment, da es mehr als zwei Blutgruppen gibt (0, A, B, AB und jeweils Rhesus positiv oder negativ).

b) Es handelt sich um ein **Bernoulli-Experiment**, da nur die zwei Ergebnisse „Elfmeter wird verwandelt" und „Elfmeter wird nicht verwandelt" von Interesse sind.

c) Es handelt sich um ein **Bernoulli-Experiment**, da es nur die beiden Möglichkeiten „ja" oder „nein" gibt.

d) Es handelt sich um **kein** Bernoulli-Experiment, da es mehr als zwei mögliche Verkehrsmittel gibt (z. B. Bus, Zug, Auto, Fahrrad usw.).

97.

		Bernoulli-Kette?	
		ja	nein
a	Ein Würfel wird dreimal geworfen und die Augensumme festgestellt. *Begründung:* Es gibt mehr als zwei Ergebnisse, denn $\Omega = \{3; 4; \ldots; 18\}$.	☐	☒
b	Erfahrungsgemäß landen bei Sandra 25 % aller erhaltenen E-Mails im Spam-Ordner. Gestern bekam sie mal wieder 35 Mails. *Begründung:* Länge $n = 35$ und $p = 0{,}25$	☒	☐
c	Bei einem Gartenfest stellt ein Mathelehrer fest, wie viele der anwesenden 50 Gäste am gleichen Tag wie er Geburtstag haben. *Begründung:* Nimmt man eine gleiche Verteilung über alle 365 Tage an und sieht man vom Schalttag (29. Februar) ab, handelt es sich um eine Bernoulli-Kette der Länge $n = 50$ und $p = \frac{1}{365}$.	☒	☐
d	In der Bundesrepublik sind 20 % der Bevölkerung Linkshänder. Die 26 Schüler in einer Klasse werden befragt, ob sie Rechtshänder sind. *Begründung:* Länge $n = 26$ und $p = 0{,}80$	☒	☐
e	Ein Würfel wird so lange geworfen, bis die 1 erscheint. Gezählt wird die Zahl der Würfe. *Begründung:* Die Wahrscheinlichkeit für die 1 ändert sich zwar nicht, der Treffer darf aber erst beim letzten Versuch auftreten. Bei Bernoulli-Ketten kann ein Treffer irgendwann auftreten.	☐	☒

98. a) Richtig ist der 3. Aufzählungspunkt **„ohne Zurücklegen und ohne Beachtung der Reihenfolge"**, denn ein Kandidat kann höchstens einmal im Trio sein und es gibt keine Reihenfolge, da im Trio alle drei Kandidaten gleichberechtigt sind.

b) Es ist keine Bernoulli-Kette, denn das Experiment hat nicht nur zwei Ausgänge. Die Anzahl ergibt sich aus:

$$\binom{20}{3} = \frac{20!}{3! \cdot 17!} = \frac{20 \cdot 19 \cdot 18}{3 \cdot 2 \cdot 1} = 1140$$

99. Die Urne enthält 1 000 Kugeln, davon 235 grüne. Man zieht eine Kugel. Ist sie grün, zählt man dies als Treffer. Die Kugel wird zurückgelegt. Dieses Experiment wird 15-mal durchgeführt.

Bemerkung: Es gibt viele weitere mögliche Umsetzungen, z. B. 10 000 statt 1 000 Kugeln insgesamt und gleichzeitig 2 350 statt 235 grüne Kugeln.

100. Es handelt sich um eine Bernoulli-Kette der Länge n = 42. Ist Z die „Anzahl der brauchbaren Bälle", so ist die Trefferwahrscheinlichkeit p = 0,98. Von den 42 Bällen müssen genau 40 brauchbar sein.

$$P(Z = 40) = B(42; 0,98; 40) = \binom{42}{40} \cdot 0,98^{40} \cdot 0,02^2 \approx 0,1535 = 15,35\,\%$$

Bemerkung: Man kann auch vom Ansatz „2 von 42 Bällen sind unbrauchbar" mit p = 0,02 ausgehen, also P(Z = 2) = B(42; 0,02; 2).

101. Es werden drei Kugeln mit Zurücklegen gezogen. Es handelt sich also um eine Bernoulli-Kette der Länge n = 3. Die Wahrscheinlichkeit für weiß ist $\frac{5}{8} = 0,625$ und die für farbig ist $\frac{3}{8} = 0,375$.

- Hannes: „Zwei weiße und eine farbige" bedeutet „zwei Treffer", also k = 2 mit p = 0,625.

$$P(Z = 2) = B\left(3; \frac{5}{8}; 2\right) = \binom{3}{2} \cdot \left(\frac{5}{8}\right)^2 \cdot \left(\frac{3}{8}\right) = 3 \cdot \frac{5}{8} \cdot \frac{5}{8} \cdot \frac{3}{8}$$

- Nikolas: „Drei weiße" bedeutet „drei Treffer", also k = 3 mit p = 0,625. Oder „keine farbige" bedeutet „kein Treffer", also k = 0 mit p = 0,375.

$$P(Z = 3) = B\left(3; \frac{5}{8}; 3\right) = \binom{3}{3} \cdot \left(\frac{5}{8}\right)^3 \cdot \left(\frac{3}{8}\right)^0 = 1 \cdot \left(\frac{3}{8}\right)^0 \cdot \left(\frac{5}{8}\right)^3 = B\left(3; \frac{3}{8}; 0\right)$$

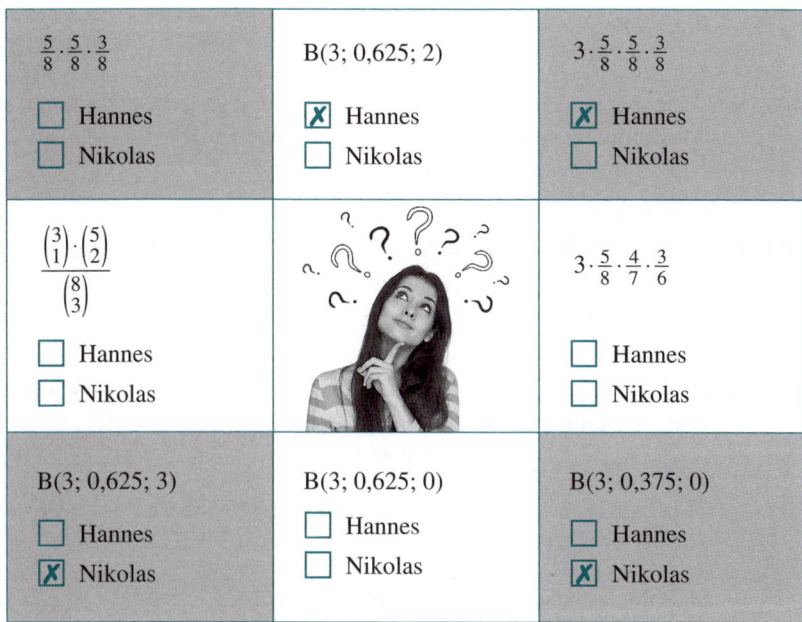

$\frac{5}{8}\cdot\frac{5}{8}\cdot\frac{3}{8}$ ☐ Hannes ☐ Nikolas	B(3; 0,625; 2) ☒ Hannes ☐ Nikolas	$3\cdot\frac{5}{8}\cdot\frac{5}{8}\cdot\frac{3}{8}$ ☒ Hannes ☐ Nikolas
$\dfrac{\binom{3}{1}\cdot\binom{5}{2}}{\binom{8}{3}}$ ☐ Hannes ☐ Nikolas		$3\cdot\frac{5}{8}\cdot\frac{4}{7}\cdot\frac{3}{6}$ ☐ Hannes ☐ Nikolas
B(3; 0,625; 3) ☐ Hannes ☒ Nikolas	B(3; 0,625; 0) ☐ Hannes ☐ Nikolas	B(3; 0,375; 0) ☐ Hannes ☒ Nikolas

102. a) $P(A) = B\left(20; \frac{1}{6}; 5\right) = 0,12941$

$P(B) = B\left(50; \frac{5}{6}; 41\right) = 0,14096$

Das Ereignis B ist geringfügig wahrscheinlicher.

b) Der größte Wert für $B\left(50; \frac{1}{6}; k\right)$ ist aus der Tabelle für k = 8 als 0,15103 ablesbar. Acht Sechser sind also bei 50 Würfen am wahrscheinlichsten.

103. Z sei als „Anzahl Regentage" definiert. Dann handelt es sich hier um eine Bernoulli-Kette mit n = 6 · 7 − 2 = 40 (6 Wochen ohne An- und Abreisetag) und p = 0,05.

$P(Z = 4) = B(40; 0,05; 4) = \binom{40}{4}\cdot 0,05^4\cdot 0,95^{36} \approx 0,09 = 9\,\%$

Die Wahrscheinlichkeit, dass die Familie während der 40 Urlaubstage vier Regentage erlebt, ist etwa 9 %.

104. a) Abb. 2 kommt nicht infrage, da 11 Treffer bei Länge 10 nicht auftreten können. Für k = 4 gilt:

$B(10; 0,4; 4) = \binom{10}{4}\cdot 0,4^4\cdot 0,6^6 \approx 0,25$

Dieser Wert kann nur bei Abb. 3 abgelesen werden.

b) $P(X=5) + P(X=6) + P(X=7) \approx 0{,}1 + 0{,}175 + 0{,}225 = 0{,}5$

105. Bei gleichem n verschiebt sich mit zunehmender Trefferwahrscheinlichkeit das Maximum nach rechts und liegt in der Nähe von $10 \cdot p$.
Deshalb gilt: $p_2 = 0{,}4$ und $p_1 = 0{,}6$ und $p_3 = 0{,}84$

106. Bei gleicher Trefferwahrscheinlichkeit ($p=0{,}3$) verschiebt sich mit zunehmendem n das Maximum nach rechts und die Maxima werden kleiner.
Deshalb gilt: $n_2 = 6$ und $n_3 = 9$ und $n_1 = 12$

107. a) Z gebe die Zahl der verletzten Schüler an. Dann liegt eine Bernoulli-Kette der Länge $n = 200$ mit $p = 0{,}01$ vor.

$P(Z \geq 3) = 1 - P(Z \leq 2) = 1 - F_{0,01}^{200}(2) = 1 - 0{,}67668 = 0{,}32332 \approx 32{,}3\,\%$

Mit einer Wahrscheinlichkeit von etwa 32,3 % kehren mindestens drei Schüler verletzt heim.

b) In Teilaufgabe a wurde bereits die Zufallsgröße Z definiert. Wenn alle Schüler unverletzt bleiben, bedeutet dies $Z = 0$.

$P(Z = 0) = B(200;\, 0{,}01;\, 0) = 0{,}13398 \approx 13{,}4\,\%$

Mit einer Wahrscheinlichkeit von etwa 13,4 % bleiben alle unverletzt.

c) Es liegt eine Bernoulli-Kette der Länge $n = 130$ mit $p = 0{,}001$ vor. Da diese Werte nicht tabelliert sind, muss hier mit dem Taschenrechner gerechnet werden. **„Höchstens einer"** bedeutet **„keiner"** oder **„einer"**.

$P(Z \leq 1) = P(Z = 0) + P(Z = 1)$

$= \binom{130}{0} \cdot 0{,}001^0 \cdot 0{,}999^{130} + \binom{130}{1} \cdot 0{,}001^1 \cdot 0{,}999^{129}$

$\approx 0{,}992 = 99{,}2\,\%$

Dass sich höchstens ein Schüler verletzt, tritt mit der Wahrscheinlichkeit 99,2 % ein.

108. Graph
Da der Graph symmetrisch zum Wert 2,5 ist, muss gelten: $p = 0{,}5$ und $n = 5$
Tabelle
Da die Summe in der zweiten Spalte genau 1 ergibt, muss $n = 5$ gelten.

Aus $B(5;\, p;\, 5) = p^5 = 0{,}32768$ folgt: $p = \sqrt[5]{0{,}32768} = 0{,}8$

109. Wegen der sehr großen Einwohnerzahl Münchens und der sehr geringen Anzahl ausgewählter Münchner ist das Modell „Ziehen mit Zurücklegen" mit sehr guter Näherung erfüllt. Die Zufallsgröße Z definiere die Anzahl der echten Bayern. Dann liegt eine Bernoulli-Kette der Länge n = 100 mit p = 0,1 vor.

$$P(8 \leq Z \leq 12) = P(Z \leq 12) - P(Z \leq 7) = F_{0,1}^{100}(12) - F_{0,1}^{100}(7)$$

$$= 0,80182 - 0,20605 = 0,59577 \approx 59,6\,\%$$

110.
$\boxed{B}$ $P(35 < X < 40)$

$\boxed{C}$ $P(35 \leq X \leq 40)$

$\boxed{D}$ $P(35 \leq X < 40)$

$\boxed{A}$ $P(35 < X \leq 40)$

111. a) Die Zufallsgröße Z definiere die Zahl der entgegengenommenen Anrufe. Dann liegt eine Bernoulli-Kette der Länge n = 20 mit $p = \frac{1}{3}$ vor.

$$P(5 \leq Z \leq 10) = P(Z \leq 10) - P(Z \leq 4) = F_{\frac{1}{3}}^{20}(10) - F_{\frac{1}{3}}^{20}(4)$$

$$= 0,96236 - 0,15151 = 0,81085 \approx 81,1\,\%$$

b) Hier liegt eine Drei-Mindestens-Aufgabe vor. Das Gegenereignis zu „mindestens ein Anruf" ist „kein Anruf". Für die gesuchte Wahrscheinlichkeit folgt:

P(mindestens ein Anruf wird entgegengenommen)
= 1 − P(kein Anruf wird entgegengenommen)

Diese Wahrscheinlichkeit soll mindestens 99 % sein, also gilt:

$$1 - P(Z = 0) \geq 0,99$$

$$1 - B(n; \tfrac{1}{3}; 0) \geq 0,99$$

$$1 - \left(\tfrac{2}{3}\right)^n \geq 0,99$$

$$\left(\tfrac{2}{3}\right)^n \leq 0,01$$

$$n \cdot \lg \tfrac{2}{3} \leq \lg 0,01 \qquad \lg \tfrac{2}{3} < 0 \;\Rightarrow\; \text{Ungleichheitszeichen dreht sich um}$$

$$n \geq \frac{\lg 0,01}{\lg \tfrac{2}{3}}$$

$$n \geq 11,36$$

Es müssen mindestens 12 Personen anrufen.

112. Ereignis A: Von acht zufällig ausgewählten wahlberechtigten Bürgern waren alle für die 3. Startbahn.

Ereignis B: Von 36 zufällig ausgewählten wahlberechtigten Bürgern waren sieben gegen und 29 für die 3. Startbahn.

113. a) Die Zufallsgröße Z sei die Zahl der brauchbaren Ballons. Dann liegt eine Bernoulli-Kette der Länge n = 200 mit p = 0,95 vor. Die Ballons reichen nicht, wenn weniger als 180 brauchbar sind.

$$P(Z < 180) = P(Z \le 179) = F_{0,95}^{200}(179) = 0,00116$$

Mit der geringen Wahrscheinlichkeit von etwa 0,1 % reichen die Ballons nicht.

b) Die SMV hat genau 2 Ballons zu wenig, wenn nur 178 brauchbar sind.

$$B(200; 0,95; 178) = 0,00029 \approx 0,03 \%$$

Mit einer Wahrscheinlichkeit von etwa 0,03 % fehlen genau 2 Ballons.

114. a) X sei die Zahl der fehlenden Damen. Dann liegt eine Bernoulli-Kette der Länge n = 25 mit p = 1 − 0,7 = 0,3 vor.

$$P(X = 5) = B(25; 0,3; 5) = 0,10302 \approx 10,3 \%$$

Dass 5 von 25 Damen fehlen, tritt mit einer Wahrscheinlichkeit von etwa 10,3 % ein.

b) Y gebe die Zahl der fehlenden Männer an. Dann liegt eine Bernoulli-Kette der Länge n = 15 mit p = 0,3 vor. Gesucht ist die Wahrscheinlichkeit, dass genau k = 3 Männer fehlen.

$$P(Y = 3) = B(15; 0,3; 3) = 0,17004 \approx 17,0 \%$$

Die Wahrscheinlichkeit, dass bei einer Sitzung genau 3 Männer und genau 5 Damen fehlen, ist aufgrund der Unabhängigkeit das Produkt der Wahrscheinlichkeiten aus den Teilaufgaben a und b.

$$B(25; 0,3; 5) \cdot B(15; 0,3; 3) = 0,10302 \cdot 0,17004 \approx 0,018 = 1,8 \%$$

c) ① Mit welcher Wahrscheinlichkeit nehmen alle 40 Mitglieder des Vereins an der Sitzung teil?

② Mit welcher Wahrscheinlichkeit fehlen mehr als 8 der 15 Männer? *Bemerkung:* $F_{0,3}^{15}(8)$ beschreibt die Wahrscheinlichkeit, dass höchstens 8 der 15 Männer fehlen. $1 - F_{0,3}^{15}(8)$ beschreibt die Gegenwahrscheinlichkeit davon.

③ Mit welcher Wahrscheinlichkeit fehlen höchstens 4 der 25 Damen, während genau 6 der 15 Männer anwesend sind?

115. a) Z sei die Anzahl der bei den Drehungen erzielten Tassen. Dann liegt eine Bernoulli-Kette der Länge $n = 10$ mit $p = \frac{8}{20} = 0,4$ vor.

Wenn Bernhard mindestens 5 Tassen dreht, so hat er Küchendienst.

$$P(Z \geq 5) = 1 - P(Z \leq 4) = 1 - F_{0,4}^{10}(4) = 1 - 0,63310 = 0,36690 \approx 36,7\,\%$$

Bernhard muss mit einer Wahrscheinlichkeit von 36,7 % Küchendienst machen.

b) Die Wahrscheinlichkeit aus Teilaufgabe a soll nun auf mindestens 65 % erhöht werden. Dazu muss die Trefferanzahl k entsprechend angepasst werden. Gesucht ist die größte Zahl k erzielter Tassen, sodass gilt:

$$P(Z \geq k) \;\geq\; 0,65$$
$$1 - P(Z \leq k-1) \;\geq\; 0,65$$
$$1 - F_{0,4}^{10}(k-1) \;\geq\; 0,65$$
$$F_{0,4}^{10}(k-1) \;\leq\; 0,35$$

Das zugehörige k lässt sich aus der Stochastiktabelle ablesen:
$$\Rightarrow\quad k-1 = 2 \quad \Rightarrow\quad k = 3$$

Vorsicht: Der erste Tabellenwert $\leq 0,35$ ist 0,16729. Dazu gehört zwar der Randwert 2, aber das **Argument von F ist hier nicht k, sondern k − 1**!

Wenn mindestens 3 von 10 Drehungen eine Tasse zeigen, so hat Bernhard mit einer Wahrscheinlichkeit von mindestens 65 % Küchendienst. Bernhards Antwort ist falsch.

c) Statt $p = \frac{8}{20}$ ist die Trefferwahrscheinlichkeit nun $p = \frac{t}{20}$; dabei gibt t die noch gesuchte Zahl der Sektoren an, die eine Tasse zeigen. Die Werte von p können deshalb nur Vielfache von $p = \frac{1}{20} = 0,05$ sein und diese sind alle in der Stochastiktabelle zu finden.

Gegebene Bedingung:
$$P(Z \geq 5) = 1 - P(Z \leq 4) \geq 0,65 \quad \Rightarrow\quad F_p^{10}(4) \leq 0,35$$

Gemäß Tabelle ist die Ungleichung für alle $p \geq 0,55$ erfüllt.
$$\frac{t}{20} \geq 0,55 \quad \Rightarrow\quad t \geq 11$$

Von 20 Sektoren müssen also mindestens 11 die Tasse zeigen.

116. a) Wenn die Zufallsgröße Z die Anzahl der verwandelten Elfmeter angibt, dann ist Z binomialverteilt mit $n = 20$ und $p = 0,3$.

$$E(Z) = 20 \cdot 0,3 = 6$$

Herr Müller verwandelt im Schnitt 6 Elfmeter am Tag.

b) Herr Müller schießt am Montag 20-mal aufs Tor.

$$P(Z = 5) = \binom{20}{5} \cdot 0,3^5 \cdot 0,7^{15} \approx 0,179 = 17,9\,\%$$

117.

Zufallsgröße	n	p	μ	σ
V	75	0,2	**15**	$2\sqrt{3}$
W	120	**0,4**	48	$\frac{12}{5}\sqrt{5}$
X	**300**	$\frac{1}{3}$	**100**	$\frac{10}{3}\sqrt{6}$
Y	**400**	0,8	320	8
Z	84	**0,7 oder 0,3**	**58,8 oder 25,2**	4,2

Berechnungen für die Zufallsgröße V:

$\mu = 75 \cdot 0,2 = 15$

$\sigma = \sqrt{75 \cdot 0,2 \cdot 0,8} = 2\sqrt{3}$

Berechnungen für die Zufallsgröße W:

$\mu = n \cdot p \;\Rightarrow\; p = \frac{\mu}{n} = \frac{48}{120} = 0,4$

$\sigma = \sqrt{120 \cdot 0,4 \cdot 0,6} = \frac{12}{5}\sqrt{5}$

Berechnungen für die Zufallsgröße X:

$$\sigma = \sqrt{n \cdot p \cdot (1-p)}$$

$$\frac{10}{3}\sqrt{6} = \sqrt{n \cdot \frac{1}{3} \cdot \frac{2}{3}}$$

$$\frac{10}{3}\sqrt{6} = \sqrt{\frac{2}{9}n}$$

$$\frac{100}{9} \cdot 6 = \frac{2}{9}n$$

$$n = 300$$

$$\mu = 300 \cdot \frac{1}{3} = 100$$

Berechnungen für die Zufallsgröße Y:

$$\sigma = \sqrt{n \cdot p \cdot (1-p)}$$

$$\sigma = \sqrt{\mu \cdot (1-p)} \qquad\qquad \mu = n \cdot p$$

$$8 = \sqrt{320 \cdot (1-p)} \qquad\qquad \text{Werte einsetzen}$$

$$64 = 320 - 320p \qquad\qquad \text{Quadrieren}$$

$$320p = 256$$

$$p = 0,8$$

$$n = \frac{\mu}{p} = \frac{320}{0,8} = 400$$

Berechnungen für die Zufallsgröße Z:

$$\sigma = \sqrt{n \cdot p \cdot (1-p)}$$

$$4,2 = \sqrt{84 \cdot p \cdot (1-p)} \qquad\qquad \text{Werte einsetzen}$$

$$17,64 = 84 \cdot p \cdot (1-p) \qquad\qquad \text{Quadrieren}$$

$$17,64 = 84p - 84p^2 \qquad\qquad \text{Ausmultiplizieren}$$

Hieraus ergibt sich die quadratische Gleichung $84p^2 - 84p + 17,64 = 0$, die mit der quadratischen Lösungsformel gelöst werden kann.

$$p_{1/2} = \frac{84 \pm \sqrt{(-84)^2 - 4 \cdot 84 \cdot 17,64}}{2 \cdot 84} = \frac{84 \pm 33,6}{168}$$

$$\Rightarrow \quad p_1 = 0,7 \quad \text{und} \quad p_2 = 0,3$$

$$\mu_1 = 0,7 \cdot 84 = 58,8 \quad \text{und} \quad \mu_2 = 0,3 \cdot 84 = 25,2$$

118. Gesucht ist die Wahrscheinlichkeit $P(\mu - \sigma \leq X \leq \mu + \sigma)$.

μ und σ kann man aus den Angaben berechnen:

$$\mu = n \cdot p = 100 \cdot 0,2 = 20$$

$$\sigma = \sqrt{n \cdot p \cdot q} = \sqrt{100 \cdot 0,2 \cdot 0,8} = 4$$

Für die gesuchte Wahrscheinlichkeit ergibt sich:

$$
\begin{aligned}
P(\mu - \sigma \leq X \leq \mu + \sigma) &= P(16 \leq X \leq 24) \\
&= P(X \leq 24) - P(X \leq 15) \\
&= F_{0,2}^{100}(24) - F_{0,2}^{100}(15) \\
&= 0,86865 - 0,12851 \\
&= 0,74014 \approx 74\,\%
\end{aligned}
$$

119. a) Da die sechste Ampel die frühestmögliche rote Ampel ist, aber eben nicht zwingend rot sein muss, muss man nur die ersten fünf Ampeln betrachten. Diese müssen alle grün sein.

P(frühestens 6. Ampel rot) $= 0{,}3^5 = 0{,}00243 \approx 0{,}24\,\%$

b) Mehr als die Hälfte der Ampeln bedeutet mindestens 8 Ampeln. Wenn die Zufallsgröße Z die Anzahl der grünen Ampeln ist, liegt eine Bernoulli-Kette der Länge n = 15 mit p = 0,3 vor.

$$P(Z \geq 8) = 1 - P(Z \leq 7) = 1 - F_{0{,}30}^{15}(7) = 1 - 0{,}94999 = 0{,}05001 \approx 5{,}0\,\%$$

c) Da eine Ampel mit einer Wahrscheinlichkeit von 30 % grün ist, steht sie mit einer Wahrscheinlichkeit von 70 % auf Rot. Wenn X die Anzahl der roten Ampeln angibt, folgt für ihren Erwartungswert:

$E(X) = n \cdot p = 15 \cdot 0{,}7 = 10{,}5$

Im Schnitt sind bei einer Fahrt 10,5 Ampeln rot.

Pro rote Ampel hat der Autofahrer eine Wartezeit von 45 s. Daraus ergibt sich die mittlere Wartezeit:

$10{,}5 \cdot 45\,\text{s} = 472{,}5\,\text{s} \approx 7\,\text{min}\ 53\,\text{s}$

Er wartet bei einer Fahrt im Schnitt fast 8 Minuten.

d) Wegen der angenommenen Unabhängigkeit zeigt auch die nächste Ampel zu 70 % rot.

e) Um den Verkehrsfluss zu erhöhen, sind an verkehrsreichen Straßen „grüne Wellen" eingerichtet. Dort sind die Ampeln so geschaltet, dass bei Einhaltung der vorgeschriebenen Geschwindigkeit ein Auto mehrere aufeinanderfolgende Ampeln bei Grün erreicht.

120. Gegeben:
- Stichprobenumfang n = 50
- Nullhypothese H_0 ist $p \leq 0{,}20$, wobei p der Anteil der TIK-Wähler ist
- A = {0; 1; 2; ...; 14}
- $\overline{A}$ = {15; 16; ...; 50}

	für H_0 A = {0; 1; ...; 14} Meinung der Vorsitzenden wird angenommen	gegen H_0 $\overline{A}$ = {15; 16; ...; 50} Meinung der Vorsitzenden wird abgelehnt
H_0: $p \leq 0{,}20$	richtige Entscheidung	**Fehler 1. Art**

Die Zufallsgröße Z gebe die Anzahl der TIK-Wähler an. Liegt die Anzahl der TIK-Wähler als Befragungsergebnis im Ablehnungsbereich, so wird die Meinung der Vorsitzenden abgelehnt und als Panikmache angesehen.

Zu berechnen ist die Wahrscheinlichkeit dafür, dass zwar H_0 zutrifft, aber irrtümlich verworfen wird. Anders ausgedrückt: gesucht ist die Wahrscheinlichkeit für den Fehler 1. Art.

Je kleiner der tatsächliche Anteil der TIK-Wähler ist, umso unwahrscheinlicher ist es, dass zufällig 15 oder noch mehr der 50 Befragten aus der Stichprobe die TIK wählen. Der größtmögliche Fehler tritt also dann auf, wenn $p = 0{,}20$ gilt.

$$P(Z \geq 15) = 1 - P(Z \leq 14) = 1 - F_{0,20}^{50}(14) = 1 - 0{,}93928 \approx 6{,}1\,\%$$

Die richtige Meinung der Parteivorsitzenden wird mit einer Wahrscheinlichkeit von 6,1 % zu Unrecht verworfen.

Konsequenz: Falls man die Meinung irrtümlicherweise verwirft, glaubt man, dass die Partei einen höheren Stimmenanteil als in Wirklichkeit habe. Dies würde dazu führen, keinen verstärkten Wahlkampf zu betreiben, obwohl er eigentlich nötig wäre.

121. a) Gegeben:
- Stichprobenumfang $n = 30$
- Nullhypothese H_0: $p \leq 0{,}05$
- $A = \{0;\ 1;\ 2\}$
- $\overline{A} = \{3;\ 4;\ \ldots;\ 30\}$

	für H_0 $A = \{0;\ 1;\ 2\}$ Lieferung geht nicht zurück	gegen H_0 $\overline{A} = \{3;\ 4;\ \ldots;\ 30\}$ Lieferung geht zurück
H_0: $p \leq 0{,}05$	richtige Entscheidung	**Fehler 1. Art**

Die Zufallsgröße Z gebe die Anzahl der verwelkten Blumen an.

Die Sendung geht fälschlicherweise zurück, wenn sich ein Stichprobenergebnis aus dem Ablehnungsbereich einstellt, obwohl H_0 zutrifft. Der Fehler wird am größten für $p = 0{,}05$.

$$P(Z \geq 3) = 1 - P(Z \leq 2) = 1 - F_{0,05}^{30}(2) = 1 - 0{,}81218 \approx 18{,}8\,\%$$

Das Risiko für die Lieferantin, dass die Sendung ungerechtfertigt zurückkommt, beträgt 18,8 %.

b) Die Entscheidungsregel ist nun gesucht. Für den Annahme- und Ablehnungsbereich folgt bei gleichbleibender Stichprobenlänge allgemein:

$A = \{0; 1; \ldots; k\}$

$\overline{A} = \{k+1; k+2; \ldots; 30\}$

	für H_0 $A = \{0; 1; \ldots; k\}$ Lieferung geht nicht zurück	gegen H_0 $\overline{A} = \{k+1; k+2; \ldots; 30\}$ Lieferung geht zurück
H_0: $p \leq 0,05$	richtige Entscheidung	**Fehler 1. Art $\leq 5\%$**

Das Risiko aus Teilaufgabe a soll höchstens 5 % betragen:

$P(Z \geq k+1) \leq 0,05$

$1 - P(Z \leq k) \leq 0,05$

$P(Z \leq k) \geq 0,95$

$F_{0,05}^{30}(k) \geq 0,95$

In der Stochastiktabelle kann hierfür $k = 4$ abgelesen werden.

$\Rightarrow k+1 = 5$

Entscheidungsregel: Wenn von 30 Blumen mindestens 5 verwelkt sind,
so wird die Sendung zurückgeschickt. Dann ist das Risiko der Lieferantin, dass ihre Lieferung ungerechtfertigt zurückgeschickt wird, höchstens
5 %.

122. a) Gegeben:
  - Stichprobenumfang $n = 200$
  - Nullhypothese H_0: $p \geq 0,40$

Wenn viele Jugendliche den Sender kennen, so wird die Hypothese angenommen. Es handelt sich also um einen linksseitigen Signifikanztest
mit Ablehnungsbereich $\overline{A} = \{0; 1; \ldots; k\}$. Die Zufallsgröße Z sei die Anzahl der Jugendlichen, die den Sender kennen.

	gegen H_0 $\overline{A} = \{0; 1; \ldots; k\}$ Behauptung der Werbe- firma wird verworfen	für H_0 $A = \{k+1; k+2; \ldots; 200\}$ Behauptung der Werbe- firma wird angenommen
H_0: $p \geq 0,40$	**Fehler 1. Art $\leq 3\%$**	richtige Entscheidung

Das Risiko, die Behauptung der Werbefirma irrtümlicherweise abzuleh-
nen, soll höchstens 3 % betragen.

$P(Z \leq k) \leq 0,03$

$F^{200}_{0,40}(k) \leq 0,03$

Stochastiktabelle: $k = 66$

Entscheidungsregel: Wenn von 200 befragten Jugendlichen höchstens 66 den Sender kennen, so wird die Behauptung der Werbefirma abgelehnt.

b) Falls der Bekanntheitsgrad unverändert geblieben ist, so wird $p = 0,30$ als tatsächlicher Wert angesehen.

	gegen H_0 $\overline{A} = \{0; 1; ...; 66\}$	für H_0 $A = \{67; 68; ...; 200\}$
H_0: $p \geq 0,40$ ist wahr	**Fehler 1. Art**	richtige Entscheidung
H_0: $p \geq 0,40$ ist falsch, sondern es gilt $p = 0,30$	richtige Entscheidung	**Fehler 2. Art**

Gefragt ist nach dem Fehler 2. Art. Die Wahrscheinlichkeit, dass der Werbefirma geglaubt wird, obwohl sich der Bekanntheitsgrad nicht gesteigert hat, beträgt:

$P(Z \geq 67) = 1 - P(Z \leq 66) = 1 - F^{200}_{0,30}(66) = 1 - 0,84209 \approx 15,8\,\%$

123.

	wahr	falsch
Wird die Nullhypothese verworfen, so war sie falsch.	☐	☒
Liegt das Stichprobenergebnis im Annahmebereich, so ist die Nullhypothese wahr.	☐	☒
Liegt das Stichprobenergebnis im Ablehnungsbereich, so ist die Nullhypothese falsch.	☐	☒
Führt man zweimal nacheinander denselben Test durch, so kann es sein, dass man unterschiedlich entscheidet.	☒	☐
Die Wahrscheinlichkeit des Fehlers 1. Art gibt an, wie groß die Wahrscheinlichkeit einer Fehlentscheidung ist.	☐	☒
Ein Fehler 2. Art lässt sich nicht berechnen, auch wenn die Nullhypothese bekannt ist.	☒	☐
Eine wahre Nullhypothese wird mindestens mit der Wahrscheinlichkeit $1 - \alpha$ nicht verworfen.	☒	☐

Begründungen:

- Aussage 1: H_0 wird verworfen, wenn das Testergebnis im Ablehnungsbereich lag. Auch wenn der α-Fehler klein gewählt wird, so kann das Testergebnis dennoch zufällig im Ablehnungsbereich liegen, obwohl die Nullhypothese wahr ist.

- Aussage 2: Wenn das Testergebnis im Annahmebereich liegt, so gilt H_0 als wahr. Zufällig kann das Testergebnis jedoch mit der Fehlerwahrscheinlichkeit β im Annahmebereich von H_0 liegen, obwohl die Nullhypothese falsch sein kann.

- Aussage 3: siehe Aussage 1

- Aussage 4: Da die Testgröße zufällige Werte annimmt, kann sie einmal in A und ein anderes Mal in $\overline{A}$ liegen.

- Aussage 5: Dieser Fehler gibt nur die Wahrscheinlichkeit dafür an, dass man eine Nullhypothese irrtümlicherweise als falsch ansieht. Man kann ja auch die Fehlentscheidung einer irrtümlichen Annahme der Nullhypothese treffen.

- Aussage 6: Um den Fehler 2. Art berechnen zu können, muss etwas über die tatsächliche Wahrscheinlichkeit bekannt sein.

- Aussage 7: Wenn die Nullhypothese wahr ist, so wird sie mit der Wahrscheinlichkeit $\alpha' \leq \alpha$ abgelehnt. Die Annahme von H_0 (also das Gegenereignis) hat dann die Wahrscheinlichkeit $1 - \alpha' \geq 1 - \alpha$.

124. a) Wenn die Ware gut ist, der Händler aber trotzdem nicht kauft, so entgeht ihm ein Gewinn.
Wenn die Ware schlecht ist, er aber trotzdem kauft, so ist sein Verlust groß. Diesen Fehler kann Dontknow durch eine geeignete Wahl von $\overline{A}$ klein halten. Als Nullhypothese sollte der Händler also H_0: $p \geq 0,15$ („Ware schlecht") wählen.

b) Gegeben:
- Stichprobenumfang $n = 50$
- Nullhypothese H_0: $p \geq 0,15$
- Signifikanzniveau $\alpha \leq 5\,\%$

Die Zufallsgröße Z gebe die Zahl der beschädigten Briefmarken an.

	gegen H_0 $\overline{A} = \{0; 1; \ldots; k\}$ Kauf der Marken	für H_0 $A = \{k+1; k+2; \ldots; 50\}$ kein Kauf der Marken
H_0: $p \geq 0,15$	**Fehler 1. Art $\leq 5\,\%$**	richtige Entscheidung

Das Risiko eines Fehlkaufs soll höchstens 5 % betragen:

$P(Z \leq k) \leq 0,05$

$F_{0,15}^{50}(k) \leq 0,05$

Stochastiktabelle: $k = 3$

Entscheidungsregel: Wenn von 50 untersuchten Marken mindestens 4 Marken beschädigt sind, so nimmt Herr Dontknow an, dass die Hypothese „die Ware ist schlecht" wahr ist, und kauft nicht.

c) Nein. Bei sieben defekten Marken wird die Nullhypothese nur als wahr angenommen. Sie ist jedoch nicht sicher wahr.

d) Nein. Ist nur eine Marke beschädigt, so wird die Nullhypothese nur als falsch angesehen. Sie ist jedoch nicht sicher falsch.

125. a) **Fall 1: H_0: $p \leq 0,10$**
Als Nullhypothese wird gewählt: Das Medikament zeigt selten Nebenwirkungen. Der Annahmebereich ist somit $A = \{0; 1; \ldots; k\}$.

Fehler 1. Art:
Wenn das Testergebnis im Ablehnungsbereich $\overline{A} = \{k+1; \ldots; 50\}$ liegt, so nimmt man irrtümlich an, dass das Medikament mit geringen Nebenwirkungen als schädlich eingestuft wird. Konsequenz: Ein ungefährliches Medikament wird nicht zugelassen und gelangt nicht in den Handel. Dieser ungefährliche α-Fehler kann zwar klein gehalten werden, was jedoch nicht sinnvoll ist, da dann der β-Fehler größer wird.

Fehler 2. Art:
Dieser nicht berechenbare β-Fehler ist jedoch fatal: ein gefährliches Medikament wird irrtümlich zugelassen und gelangt in den Handel.

Fall 2: H_0: $p \geq 0,10$
Als Nullhypothese wird gewählt: Das Medikament zeigt häufig Nebenwirkungen. Der Annahmebereich ist $A = \{k+1; k+2; \ldots; 50\}$.

Fehler 1. Art:
Wenn ein gefährliches Medikament irrtümlich als ungefährlich eingestuft wird, so wird es zugelassen und gelangt in den Handel mit fatalen Folgen für die Patienten.

Fehler 2. Art:
Man nimmt die Gefährlichkeit des Medikaments irrtümlich an.

Durch die Wahl des Ablehnungsbereichs kann der Fehler 1. Art klein gehalten werden. Dadurch steigt zwar der β-Fehler, dieser ist jedoch nicht so folgenreich.

Vergleich

Die Nullhypothese sollte so gewählt werden, dass der folgenreichere Fehler klein gehalten werden kann, also als Fehler 1. Art auftritt. Die sinnvolle Nullhypothese lautet deshalb H_0: $p \geq 0,10$ („das Medikament ist gefährlich").

b) Gegeben:
- Stichprobenumfang $n = 50$
- Nullhypothese H_0: $p \geq 0,10$
- $A = \{3; 4; \ldots; 50\}$
- $\overline{A} = \{0; 1; 2\}$

Das Medikament gelangt in den Handel, wenn die Nullhypothese abgelehnt wird, sich also ein Stichprobenergebnis aus dem Ablehnungsbereich einstellt.

$$P(Z \leq 2) = F_{0,10}^{50}(2) = 0,11173 \approx 11,2\,\%$$

Mit einer Wahrscheinlichkeit von 11,2 % gelangt ein als gefährlich eingestuftes Medikament in den Handel.

c) Das Signifikanzniveau ist mit $\alpha \leq 5\,\%$ gegeben. Die Zufallsgröße Z gebe die Zahl der Patienten, bei denen Nebenwirkungen auftreten, an.

	gegen H_0 $\overline{A} = \{0; 1; \ldots; k\}$ Medikament im Handel	für H_0 $A = \{k+1; k+2; \ldots; 50\}$ Medikament nicht im Handel
H_0: $p \geq 0,10$	**Fehler 1. Art $\leq 5\,\%$**	richtige Entscheidung

Das Risiko, das Medikament irrtümlich in den Handel zu bringen, soll höchstens 5 % betragen:

$$P(Z \leq k) \leq 0,05$$
$$F_{0,10}^{50}(k) \leq 0,05$$

Stochastiktabelle: $k = 1$

Entscheidungsregel: Wenn von 50 Patienten mindestens 2 Nebenwirkungen haben, so wird die Nullhypothese angenommen und das Medikament gelangt nicht in den Handel.

126. Befragt werden nur Personen, die einen Festnetzanschluss besitzen. Diese sind aber nicht für ganz Bayern repräsentativ. Besonders jüngere Personen telefonieren vorwiegend mit dem Handy und besitzen meist keinen eigenen Festnetzanschluss.

Auch die Landbevölkerung kann sich hinsichtlich des Telefonverhaltens von der Bevölkerung einer Großstadt unterscheiden.

Stichwortverzeichnis

Erfolgreich durchs Abitur mit den **STARK** Reihen

Abiturprüfung

Anhand von Original-Aufgaben die Prüfungssituation trainieren. Schülergerechte Lösungen helfen bei der Leistungskontrolle.

Abitur-Training

Prüfungsrelevantes Wissen schülergerecht präsentiert. Übungsaufgaben mit Lösungen sichern den Lernerfolg.

Klausuren

Durch gezieltes Klausurentraining die Grundlagen schaffen für eine gute Abinote.

Kompakt-Wissen

Kompakte Darstellung des prüfungsrelevanten Wissens zum schnellen Nachschlagen und Wiederholen.

Interpretationen

Perfekte Hilfe beim Verständnis literarischer Werke.